朝日小学生新聞の
ドクガク！
学習読みものシリーズ
読めばわかる！
生物
せい
ぶつ
監修／西條広隆（桐朋中学校・高等学校教諭）
編著／朝日小学生新聞
朝日学生新聞社
JN242724

はじめに

胸に手を置いてみてください。「ドクン、ドクン」と感じますね。心臓の音です。何気なく生きているこの瞬間にも、からだの中ではさまざまな器官がはたらいています。意識することは、きっと少ないでしょう。また、くしゃみをしたり、顔が赤くなったりするのはどうしてか、考えたことがある人も少ないかもしれませんね。ふだんふいに起こる症状には、実は理由があるんです。

ところで、地球に生きているのは、私たちヒトだけではありません。川や海には魚たち、陸上には鳥やは虫類、植物など、さまざまな生物がこの地球でくらしています。その生物たちは、ヒトが現れるはるか前から、地球に存在し、生きぬくためにさまざまな進化をしてきました。絶滅してしまった種もいますが、まだ見つかっていない生物もたくさんいます。生物の生命力ははかりしれません。

この本を読んだみなさんが、からだのはたらきを知り、自分のからだに興味をもつことはもちろん、地球で生きる一員として、もっと地球にいる生物を知りたい！と思ってもらえたら、とてもうれしいです。

目次

5

植物のふしぎ

登場人物紹介

地球を救う「ドクガクレンジャー」になるべく訓練中！

せい

素直で、負けず嫌いな女の子

れん

正義感はたっぷりだけど、どこか空回りしてしまう男の子

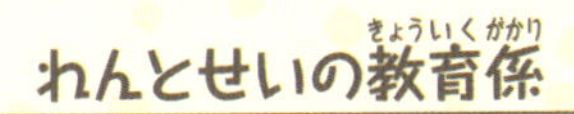

ドクガクレンジャーの隊長。ジジとムーとはレンジャー時代の盟友

ジジ

頭の切れるチンパンジー。おだやかで、二人をやさしく見守る

ムー

おしゃべりでお調子者のオウムガール。オウムであることに誇りをもっている

ストーリー

「地球を守るレンジャーになりたい！」。そんな思いを胸に、ドクガクレンジャー学校で訓練に励んできた、れんとせい。ところが、その思いとは裏腹に、大事なテストでは赤点ばっかりをとってしまう落ちこぼれでもありました。そんな二人を見かねたらいおむ隊長は、ある指令を出すことに。それは地球を守りたいと思う二人にとって、とても大事な任務だったのです。

キーン コーン
カーン コーン

はい
そこまでー

はぁ…

れん！
せい！

バン
ビクッ
こんな成績じゃ
地球を守るドクガク
レンジャーにはなれん
せい 5
れん 3

ドーン
おまえらは
追放だ
パラ
れん 3
せい

えええ!!?

これまで
がんばって
きたのに！
チーン
ガク

もう1回
チャンスを
ください！
一生の
お願いです！
……

そこまで言うなら…
最後のチャンスだ

パァー

まず　二人とも自分について
よくわかっていない
かみのも
手
足
レンジャーたるもの
自分のからだのしくみを知ること

自分たちの
からだ…？

もう一つは
地球の生物について調べあげ
強力な仲間を見つけてこい

えええ！
二人だけでは
無理ですよ
私だって
頼りないれんと
なんてイヤだわ！

いや　お世話係
としてジジと
ムーをつけよう

二人ともわしのレンジャー時代の
有能なパートナーだ
ゴゴゴゴゴ‥

おぉ

よろしく頼んだよ
チンパンジーのジジだ
ガララ
オウムのムーよ
よろしくね

チンパンジーにオウム？
ボソ・・・
本当に大丈夫かな…
本当に大丈夫かな…
!?
マネしたわ！

不安だと思えば悪いことしか起こらない
いいことが起こると思えばいいことが起こる
ドクガクレンジャーになりたいならいいことをひきこむレンジャーにならないと！
さぁ
出発だ

退学から間一髪でのがれた、れんとせい。二人は、ジジとムーという強力な教育係のもと、自分たちのからだと、地球上にすむ生物を学ぶことになりました。果たして、二人は無事にドクガクレンジャーの仲間入りをすることができるのでしょうか？

みなさんも、二人のミッションをのぞいてみましょう！

この地球に生きる一員として、知っておくべきことをこの本から楽しく学んでみてくださいね。

からだのふしぎ

生きるためにも、自分の
からだを知ることは重要だ。
からだでどんなことが
起こっているか
見てみよう！

ズームアップ！

Zoom up!

からだの中をのぞいてみよう！

酸素を吸ったりはいたり、食べものを消化するのには、からだの中にあるさまざまな器官が関係しているよ。まずは、からだの基本となる器官をのぞいてみよう！

からだ

肺

空気中の酸素の一部を血液に取り入れ、血液からは二酸化炭素が出される場所だよ

心臓

四つの部屋に分かれていて、規則正しくちぢんだりゆるんだりして、生きている間ずっと動いている。血液の流れをつくっているよ

肝臓

栄養の一部を一時的にたくわえる貯蔵庫だ。必要なときに全身に送り出すよ。からだにとって害のあるものを、害のないものに変えるはたらきもある

すい臓

食べものを消化するすい液と、血液中の糖分の量を調整するホルモンをつくっているよ

大腸

水分やミネラルを吸収して、うんちをつくるよ。うんちをためておく場所でもあるんだ

小腸

食べものを消化して、栄養を吸収するよ。小腸を平らに広げると、その広さはテニスコート約1面分にもなるんだって！

手を動かしたり、
ものを覚えたり、
言葉を話したり。
これらは、
頭の中にある
脳が指令を出して
行っているわ。
脳は、からだ全体を
コントロールする、
とても重要な
器官なの。
場所によって、
コントロールする
ところもちがうのよ

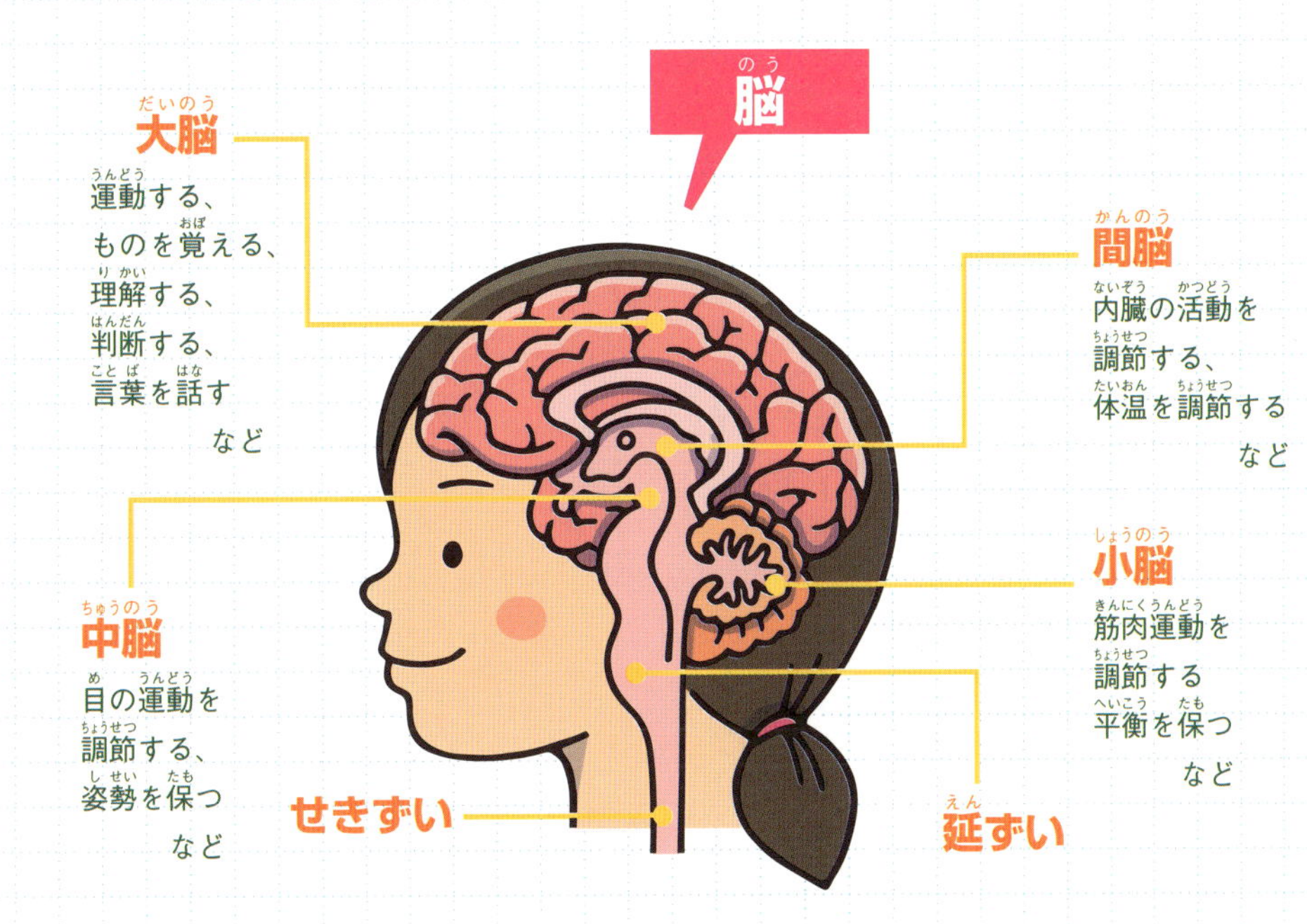

せきずいは、
うんちやおしっこ
をするときの
調節などを
しているのか

延ずいは、
呼吸や心臓を
動かすときの
調節を行って
いる部分なの

【1】

どうして、しゃっくりが出るの？

横隔膜のけいれんによって起こるよ

とつぜん、「ヒック」と出るしゃっくり。正式な名前は、「吃逆」というよ。地域によっては「ひゃっくり」「さくり」とよぶこともある。胸とおなかを分けている横隔膜が、けいれんすることで起こるんだ。急に空気を吸いこむと、声帯がすばやく閉じるようになって「ヒック」と音を出すよ。

しゃっくりはだれにでも起こる現象で、ふつうは数分から数時間で止まる。48時間以上の長時間にわたってつづいたり、よく起こっ

たりする場合は、ストレスや神経、胸やおなかの病気の可能性があるから注意が必要だ。もしなかなか止まらない場合は、原因に合った治療法が必要になる。

ちなみに、アメリカのチャールズ・オズボーンさんは、１９２２年から90年までしゃっくりがつづいたといわれている。約68年もつづいたなんておどろきだよね。ギネス世界記録として認定されているよ。

【2】どうして、あくびが出るの？

脳が酸素を欲しがっているから

眠くなると、「ふぁ〜」と大きな口を開けちゃうわよね。授業中にうっかり出て、先生に注意された子もいるんじゃないかしら。実はこれ、脳が酸素を求めているからなのよ。脳がしっかりはたらくためには、酸素が必要なの。

眠いときや、たいくつでボーッとしているときは脳はあまりはたらいていない状態になるのよ。だから、脳は一生懸命はたらこうと酸素を欲しがって、大きい口を開けて空気を吸いこむの。ほかに、脳

の温度の調節や、緊張を和らげる役割もあるわ。
あくびをするのはヒトだけじゃないからね！ ほ乳類はもちろん、鳥類、は虫類、両生類、魚類はケンカなどのストレスや、不安を感じるときによくあくびをするという研究結果が出ているわ。あと、あくびをした人を見ると、あくびがうつるなんてよく耳にするわね。この理由はまだはっきりとわかっていないけど、「共感」してあくびをするという説があるわ。

あくびをするときは、相手に不快を感じさせないように手でおおうようにしなきゃね

2013年には東京大学が、ヒトのあくびが犬にうつる研究結果を発表しているよ

【3】

どうして、くしゃみをするの？

からだに悪いものが入りこまないようにしているよ

「へっ、へくしょん!!」と、いきなり出るくしゃみ。きたないと思うけど、空気中にあるほこりや花粉、細菌などがからだに入りこまないようにふきとばしているんだ。鼻は口とならんで呼吸をするための大事なからだの一部で、鼻の中にはきれいな空気を吸いこむためのしかけがされている。

たとえば、鼻毛。鼻毛は大きいほこりや細菌が入りこまないように生えているんだ。中のかべはうすくてしめった「粘膜」になって

いて、小さなほこりなどをとる役割がある。みんなが鼻をかむときに出る鼻くそや鼻水には、ほこりや細菌がたくさん混ざっているんだよ。

くしゃみをすると、「だれかがうわさをしているのかな」といわれているけど、科学的な根拠は出ていないんだ。日本に現存する最古の和歌集「万葉集」には、「くしゃみが出たということは、だれかが自分のことを思っている」といった内容の表現があって、意外と歴史は長いようだね。

くしゃみをすると、約2メートル先までウイルスや細菌がとびちるんだって

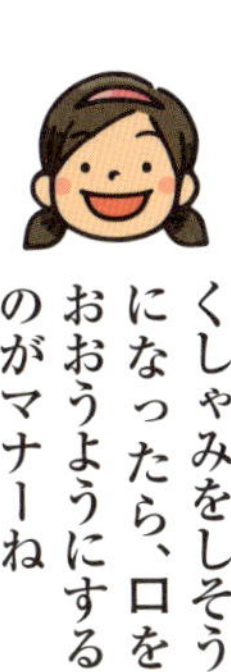

くしゃみをしそうになったら、口をおおうようにするのがマナーね

【4】どのようにして、いびきをかくの？

のどが振動して、音が出るよ

いびきは、のどが振動して起こるもの。のどがせまくなると、空気が通るときにのどが振動して、音が出るの。寝るときは、特にのどを支えている筋肉がゆるんで、気道がせまくなっちゃうみたいね。気道がせまくなるときは、鼻がつまっていたり、太り気味だったり、へんとうせんがはれたりしたとき。お酒にふくまれるアルコール成分で気道がせまくなることもある。お父さんがお酒を飲んだあとにいびきをかくのは、アルコールのせいかもしれないわ。

いびきは男性がかくイメージがあるけど、女性もいびきをかくのよ。みんなのような子どもは一般的にいびきをかくことはないけど、年齢とともにいびきをかきやすくなるからね。もし、「いびきをかいている」といわれたら、横をむいて眠ってみて。いびきがかきにくくなるといわれているわ。

いびきをかくときは、呼吸が不安定になりやすいよ

寝ているときに無呼吸をくりかえすのは、さまざまな合併症を起こす病気の可能性もあるらしいわ

【5】どうして、声変わりをするの？

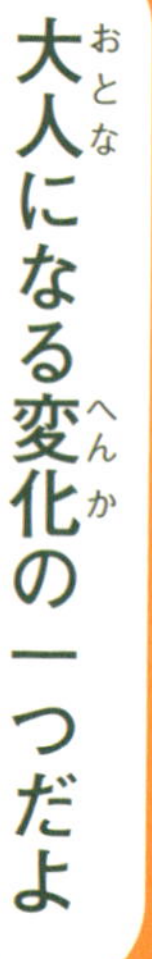

男女ともに見られる変化だけど、男の子の方がはっきりと変化がわかる「声変わり」。「変声」ともいうぞ。声が変わっていく状態は、ヒトにもよるけど3～12か月ほどつづくみたいだ。いつもとちがった声の響きになったり、かれたりすることがある。声変わりをしている時期は、音楽の授業で、うまく歌えなくなることもあるかもしれないね。

男の子では声域が少し広がって、声変わりする前よりも1オクター

ブくらい低くなるよ。ヒトによっては、のどぼとけが前にとび出してもくるんだ。女の子では、声のつやが出てくるというよ。
この声変わりのように、男の子が男性らしいからだに、女の子が女性らしいからだになっていく時期を「第二次性徴期」というよ。男の子は12歳ごろ、女の子は10歳ごろから大人になっていく変化が、心とからだのあちらこちらで見られるようになるんだよ。だから、声がいきなり変わり出してもおどろかないでね。

男の子だと、だいたい小学校高学年から中学生で起こるみたい

からだも大人の階段を上っているのね

【6】太陽に当たると、肌が黒くなるのはなぜ？

「メラニン」という色素がたくさんつくられるから

運動会や、夏に海へ行って一日中太陽の下にいると、肌が真っ黒になるわよね。その原因は、太陽の光にふくまれる「紫外線」が関係しているの。

からだは太陽の光を浴びると、紫外線からからだを守る「メラニン色素」という物質をたくさんつくり出すわ。メラニン色素の色は黒だから、メラニン色素が増えると、肌の色が黒く見えるの。

ちなみに日焼けをすると、皮がむけてしまうけど、これは肌が黒

くなることとは関係はないわよ。肌は太陽に当たりつづけると、かわいて皮ふの中の細胞が死んでしまうの。だから、肌の皮がはがれやすくなるのよ。夏は日光浴が楽しい季節だけど、焼きすぎには注意ね。

紫外線は夏だけではなく、一年中ふりそそぐから日焼け止めの対策はこまめにした方がいいね

紫外線の中にも、強さによって三つの種類があるんだって

【7】どうして、ホクロはできるの？

メラニンと、ほかにも理由が……

からだを見わたしてみると、黒い点があるね。これは、「ホクロ」といって、医学用語では「色素性母斑」というよ。

ホクロは、日焼けと一緒で、紫外線を浴びてつくられるメラニンが集まってできる黒い斑点。だから、生まれたての赤ちゃんにはホクロはほとんどない。3〜4歳のころからホクロが増えはじめるらしいよ。

直接日に当たっていない場所にもホクロができるのは、そこでも

メラニンがたくさん増えていたりすることはもちろん、強いストレスや、食事などの生活習慣の乱れからできたりすることもあるよ。

ホクロは有害なものではないけど、急に大きくなったり、急に数が増えたりすると「皮ふがん」という病気の可能性もあるから、異変を感じたら病院で相談してみてね。

ホクロから出た毛は、のびやすいといわれているよ

顔に小さな斑点が広がる「そばかす」は、遺伝によって起こるものらしいわ

【8】どうして、歯は生えかわるの？

成長したあごに合った強い歯が必要になるから

生まれて6か月ごろから3歳ごろまでに生える歯を「乳歯」というよ。乳歯はぜんぶで20本生えるぞ。

からだが大きくなると、あごも大きくなる。でも、乳歯一本一本は大きくならないんだ。それで大きくて強い歯が必要になって、新しい歯に生えかわるというわけさ。

大人の歯を「永久歯」とよぶ。最初に生える永久歯を「6歳臼歯」というぞ。親知らずふくめて、ぜんぶの歯が生えそろうと32本にな

るんだ。歯科検診で先生が診察をするとき、乳歯は「ABC」などのアルファベットで、永久歯は数字でよんでいるようだぞ。

ちなみに、歯の形や数は動物によってちがうから、分類するときに用いられるんだって。

乳歯は、おなかの中にいるころからできはじめているからおどろきだね！

歯科検診で先生が口にするアルファベットや数字、暗号かと思ってたけどちがうのね

【9】筋肉って何からできているの？

筋繊維というものが集まってできているよ

ヒトもふくめ動物は、筋肉がないと歩くことも走ることもできない。それだけじゃない。からだのさまざまな器官を動かしているのも筋肉なんだ。

筋肉は、筋繊維とよばれる繊維がたくさん集まってできているよ。筋肉は大きく3種類あって、からだを動かす「骨格筋」、胃や腸、血管などの筋肉「平滑筋」、心臓の筋肉「心筋」に分けられる。体温を調節したり、血液の循環を助けたり、骨を強くしたり、大活躍して

いるよ。

はげしい運動をしたあとに、歩けなくなるほどのいたみを感じることがあるね。これは「筋肉痛」といって、きずついた筋繊維を再生するために炎症が起きていることが原因と考えられているよ。肉離れは、ふくらはぎや太ももなどの筋繊維が切れることをいうんだ。

筋肉をつくるのに、タンパク質はかかせないね。牛乳や鶏肉、納豆などに多くふくまれているよ

筋肉の美しさを競うコンテストもあるみたいよ

【10】つめって何からできているの？

皮ふの一部で、タンパク質でできているよ

手と足の指先にある、硬いつめ。実は、皮ふの一部なのよ。「ケラチン」とよばれる、タンパク質の一種でできているの。つめはものをつかんだり、足でふんばったりするときに、指の力をのがさずにしてくれる役割をになっているのよ。健康な大人の場合、１日に約０・１ミリのびるみたい。

つめは三つの構造からできているの。硬い部分は「爪甲」、生まれたてのつめを「爪半月」、爪半月を保護する「爪上皮」よ。爪上皮が

ないと、ささくれの原因になってしまって、細菌が入ってしまうわ。
ちなみに、つめはからだの中でもはしっこにあるもの。血液のめぐりや、からだのはたらきがよくないと、つめへの栄養補給がうまくできなくなってしまうこともあるわ。そうすると、色が白っぽくなったり、二枚づめや、巻きづめになったり、つめのトラブルが起こってしまうの。つめのトラブルは、からだ全体にも影響をあたえてしまう可能性があるから、少しでも異常を感じたらお医者さんに相談してみてね。

つめがピンク色だと、血流がいい証拠なんだって

つめをおしゃれにするネイルアートは、紀元前3000年ごろのエジプトからしいわ

【11】かみの毛は頭のどこから生えるの？

頭の毛穴から生えているよ

ヒトの頭には、かみの毛が約10万本生えているといわれているわ。かみの毛は、強い日ざしや寒さ、ものが当たったときの衝撃から頭を守る役目をになっているの。かみの毛は一つの毛穴から２～３本生えているのよ。

かみの毛は、頭の皮ふの内側にある、「毛球」というところでつくられる。１か月に１センチほどのびるの。一方で、１日50～100本ほどぬけるといわれている。かみの毛は生えたら永遠にのびつづけるわけではないの。平均3〜5年はのびつづけるけど、成長が止まると毛がぬけてしまうみたいよ。

毛穴の数は、生まれたときから変わらないわ。生えるかみの毛が少なくなっていくのは、毛穴から生える毛が1本しか生えなかったり、生えなくなったりするためなの。

1日に100本近くのかみの毛がぬけているのか

病気などでかみの毛を失った子に対して、自分のかみの毛を寄付する「ヘアドネーション」という取り組みもあるわよ

【12】

大人になると、どうして白髪になるの？

メラニン色素がなくなることで白くなる

かみの毛にも、メラニン色素という黒い色素があるの。その量によって、かみの毛の黒さが決まるんだけど、年をとるにつれて、メラニン色素をつくる細胞のはたらきがおとろえてしまうの。これが白髪になる理由よ。

でも、年齢だけじゃなくて、遺伝で白髪になりやすいヒトもいるわ。若い人の白髪は、「若白髪」とよばれているの。ほかにも、ストレスや薬の影響で、白髪になることもあるのよ。

もともとのかみの毛の色は、メラニン色素の種類と量によって決まる。メラニンには、黒褐色系のメラニンと、黄赤色系のメラニンの二つがあるの。この二つの割合で色が決まるけど、簡単に説明すると、メラニンが多いと黒髪になって、メラニンが少ないと金髪になるわ。メラニンがないと、白髪になるの。いま、生えている髪が白くなることはないから安心してね。

髪の色を変えて、おしゃれを楽しむ人も多いよね

メラニン色素っていろんなところにあるのね

【13】なみだはどこでつくられるの？

涙腺という場所でつくられているよ

なみだは眼球をうるおしている液体だ。上まぶたの内側にある「涙腺」という場所でつくられている。成分は約98％が水で、少量のタンパク質とナトリウムやリン酸塩などをふくんでいるよ。なみだには、目に入ったゴミをおしながしたり、血管のない角膜に栄養を運んだりする役割があるんだ。

さらに涙腺は、からだのはたらきを整える自律神経と関わっている。悲しいときになみだが出る理由はわかっていないけど、なみだ

を流すことは心を落ちつかせる効果がある
という説もあるぞ。
タマネギを切るとなみだが出るのは、タマネギから出る物質が涙腺を刺激するからだよ。

なみだがしょっぱいのは、なみだの成分にナトリウムが入っているからだったのか

ある食品メーカーは、なみだの出ないタマネギを開発したそうよ

【14】どうして、あせをかくの？

からだから熱をにがしているよ

暑い日やスポーツをすると、からだからあせが出てくるわね。「ベタベタになるから、あせなんてかきたくない！」って思うかもしれない。でもあせには、からだから熱をにがすという大切な役目があるの。

あせは皮ふの上で蒸発するとき、からだから熱をうばって体温を下げてくれるのよ。ヒトは、体温が上がりすぎると、熱中症やめまいが起きやすくなる。だから、からだの温度を下げるために、あせ

をかくのは重要なことなの。
からいものなどを食べるとあせをかくのは、味覚の刺激によって反射的に起こるもの。ストレスや緊張しているときに、手のひらや足のうら、わきにかくあせもあるわ。これは体温維持とはちがって、まだメカニズムがくわしくわかっていないの。

からだから老廃物を排出する役割もあるんだって

緊張でかくあせは、タンパク質や脂質などがふくまれていて、においがするみたい

【15】どうして、走（はし）ると息（いき）が切（き）れるの？

大量（たいりょう）の酸素（さんそ）を欲（ほっ）しているから

走（はし）るときは、いつもよりもたくさんのエネルギーを使（つか）うよ。エネルギーは、酸素（さんそ）とブドウ糖（とう）からつくられる。ごはんやパンにふくまれているブドウ糖（とう）は、からだにたくわえておけるものだけど、酸素（さんそ）はたくわえておくことができないよ。

からだが必要（ひつよう）とする酸素量（さんそりょう）が足（た）らなくなると、脳（のう）から「もっと呼（こ）吸（きゅう）をするように」という命令（めいれい）が出（だ）されて、はげしく息（いき）を吸（す）ったりはいたりするよ。走（はし）っているときや、坂道（さかみち）や階段（かいだん）を上（のぼ）るときに「ハァ

ハァ」とするのは、酸素をからだに取りこもうとしているからなんだ。

走りおわったあとも、ハァハァと止まらないのは、あせをかいて体温を下げたり、筋肉のつかれをとったりしているから。運動後もしばらくは、からだは酸素をたくさん使っているんだよ。

坂道や階段を上ってすぐ息が切れるのは、運動不足の証拠だよ

運動後は、エネルギー源のブドウ糖も少なくなっているから、ごはんをしっかり食べるのが大事みたい

【16】熱いお風呂に入ると、どうしてからだがかゆくなるの？

いきなり、たくさんの血液が流れるようになるから

寒い冬、冷えきったからだを温めようとお風呂に入ると、からだがかゆくなったことはないかしら？　これは寒さで細くなった血管が、熱いお風呂の熱でいきなり広がって、血液がたくさん流れるようになるからよ。血液の流れが刺激となって、かゆいと感じるようになるの。

かゆいからといってかくのはだめ！　皮ふをきずつけちゃうからね。かゆくなりやすい場合は、少しぬるいお湯をかけてから入ると、

いいかもしれないわ。それに長い時間お風呂に入っていると、血行がよくなるから、かゆみがひどいときは長風呂もさけた方がいいかもしれないわね。

ちなみに、寒いときに血管が細くなるのは、血液を流れないようにするため。皮ふから熱がにげないよう、体温調節をしているのよ。

しもやけも
温まるとかゆくなるよね
お風呂からあがったら、
保湿クリームなどをぬって
乾燥を防ぐのも大事ね

【17】冷たいものを食べると、どうして頭がいたくなるの？

脳が勘ちがいを起こしている……!?

暑い日に、食べたくなる冷たいアイスやかき氷。いきおいよく食べると、頭がキーンといたくなった経験はあるかな？　これは「アイスクリーム頭痛」とよばれているよ。実は、はっきりとした原因はまだわかっていなくて、二つの説が挙げられている。

一つめは、とつぜん強い刺激が伝わると、脳が「いたい」と感じる指令を出す、という説。

二つめは、冷たいものを食べることで、頭の血管が急に広がって、頭の中に一気に血液が流れ出すことがいたみの原因という説だ。
頭のいたみは長時間つづくことはないけど、暑いからって急に冷たいものをたくさん食べないように。冷たいものを急にからだに入れると、胃腸にも負担がかかっちゃうからね。

大好きなかき氷いきなり食べすぎたら頭が…

氷

キーン

イタタ…

これが敵のワナだったら終わりだぞ気をつけようね

まんまとひっかかったな!

かき氷作戦に!!

フハハハー

アタマいたい…

ひきょーよ

冷たいものを食べすぎると、おなかをこわすこともあるから、ほどほどにしたいね

片頭痛をもっている人は、アイスクリーム頭痛の時間が長いともいわれているわ

【18】はずかしいと、どうして顔が赤くなるの？

顔の皮ふに流れる血液が増えるから

はずかしいとき、顔が赤くなることがあるわね。顔の皮ふの下には、たくさんの血管があって、この血管が広がるとたくさんの血液が通るの。顔はうすい皮ふだから、血液が多く流れると、赤い血液の色がいつもよりも見えるというわけ。

血管を広げたりせばめたりするのは、「自律神経」という神経よ。はずかしいと感じると、頭の中でいろんなことを一生懸命考えはじめることで、脳の温度が急に上がってしまうと考えられている。そ

うすると、自律神経は熱に弱い脳を助けようと、顔の血管を広げて熱をにがし、脳の温度を下げようとするのよ。そうして血管が広がった顔は、大量の血液が流れて、赤くなっちゃうの。

顔が赤くなるのも、自分の個性だと考えてみるといいかもね

はずかしいと感じるのは、ヒト特有の感情らしいわよ

【19】

蚊にさされると、どうしてかゆくなるの?

蚊のだ液にかゆみの原因が……

蚊は血液を吸うときに、だ液をからだの中に送りこむ。このだ液がかゆい原因をつくっているよ。蚊のだ液には、ヒトが蚊にさされてもいたくならない「麻酔物質」と、血液を固まらないようにする成分が入っている。このだ液が体内に入ると、皮ふの中にある「ヒスタミン」というタンパク質が出て、かゆみを感じる神経を刺激するんだ。

ヒトの血液を吸うのは、メスの蚊だ。卵を産むための栄養にして

いるんだって。何も自分のおなかを満たすためじゃないんだね。ふつうは花のミツを吸っているというからおどろきだ！

体温の高いみんなのような子どもは、蚊にさされやすいから防虫スプレーや、かゆみ止めをもち歩くといいかもしれないね。

蚊にさされやすい妹のために研究したお兄ちゃんがいるって話を聞いたよ

血液型によってさされやすい、さされにくいって本当にあるのかしら？

【20】どうして、鳥肌が立つの

毛穴が閉じると、毛が立つよ

寒さやこわいと感じたときに出てくる、肌のブツブツ。羽をむしりとった鳥の皮のような肌になるから「鳥肌」といわれているわ。鳥肌になるのは、「立毛筋」という筋肉がちぢんで毛穴が閉じるから。毛穴が閉じると、毛がまっすぐ立つと同時に、まわりの皮ふがもりあがって小さなブツブツができたように見えるの。

寒いときにどうして筋肉がちぢむかというと、皮ふの面積をなるべくせばめて、からだの熱をにがさないようにするため。逆に暑い

ときは、筋肉をゆるめて皮ふの面積を広げ、熱をにがすのよ。

こわいと感じたときにも鳥肌が立つのは、緊張で筋肉がちぢむから。それで、毛が逆立つの。動物も、敵がこわいと感じたり、緊張したりすると毛を逆立てているわ。

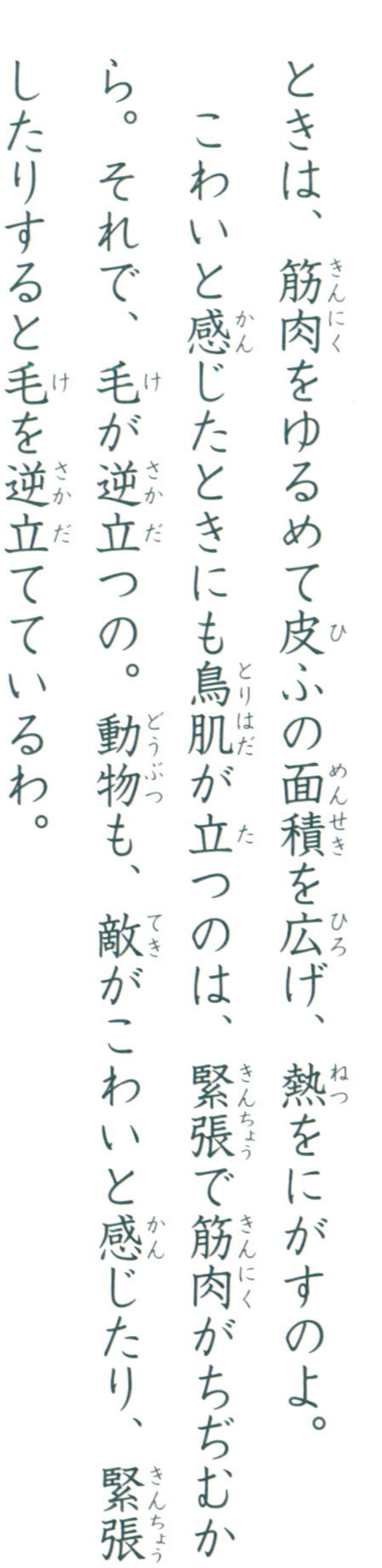

ネコが毛を逆立てているときは緊張や、恐怖を感じているときなのか

乾燥してザラザラになった肌を「さめ肌」とよぶわよ

【21】血液は赤いのに、血管が青く見えるのはどうして？

青く見えるのは目の錯覚だった!?

血管は、「動脈」と「静脈」、各器官に分布する「毛細血管」の三つある。動脈は心臓から送り出された血液を全身の器官に運ぶための血管。静脈は、血液を器官から心臓にもどすための血管だ。ふだんみんなの腕や足の皮ふから見える血液の流れは、皮ふの近くを流れている静脈だよ。

血液は、大人で約4~5リットル流れている。その血液が流れる血管は、からだ中に張りめぐらされていて、長さは大人で約10万キ

ロメートルにもなるんだ。とても長いよね！
でも血液は赤いのに、腕や足を見ると、血管が青く見えるのはふしぎだよね。実は血管は青色じゃなくて、灰色ということが2014年に立命館大学から発表されたよ。北岡明佳教授が、灰色と肌色が混ざった絵をインターネットで見ていたときに、灰色が青色に見えることに気づき、「ヒトの静脈も同じ原理で青色に見えているのでは」と、実験を行ったところ発見したんだって。

血液を3分の1
失うと、
命の危険がある
といわれているよ

ほかにも本来の
色とはちがって見えて
いるものがあるのかも
しれないね！

【22】血液型って重要なの？

輸血をするときにとっても大事な情報だよ

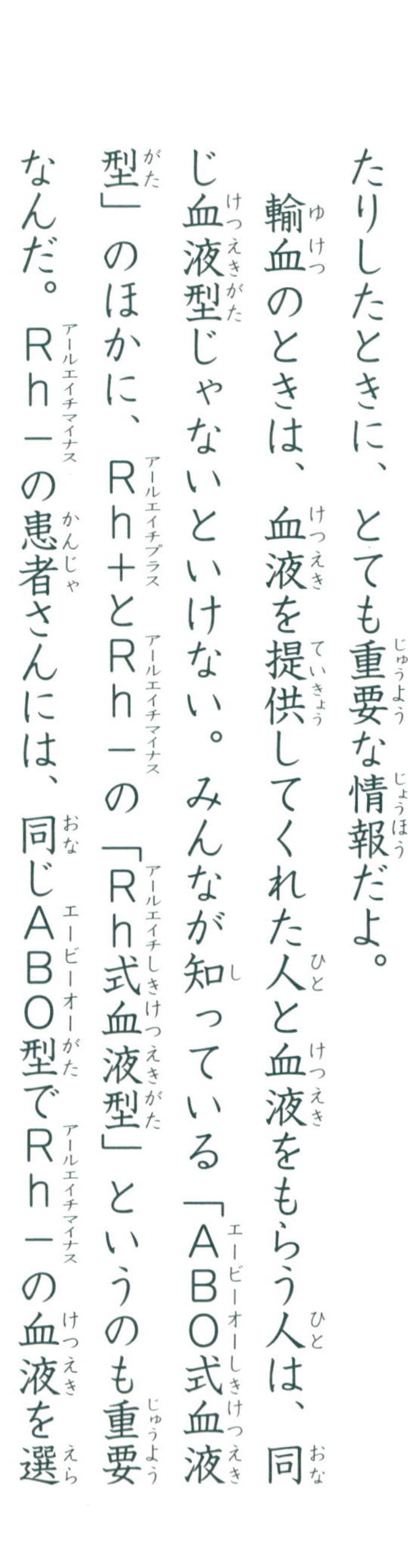

Ａ型にＢ型にＯ型、そして、ＡＢ型。これを「ＡＢＯ式血液型」というよ。血液型は、大けがをしたり手術で大量に血液が必要になったりしたときに、とても重要な情報だよ。

輸血のときは、血液を提供してくれた人と血液をもらう人は、同じ血液型じゃないといけない。みんなが知っている「ＡＢＯ式血液型」のほかに、Ｒｈ＋とＲｈ－の「Ｒｈ式血液型」というのも重要なんだ。Ｒｈ－の患者さんには、同じＡＢＯ型でＲｈ－の血液を選

ぶ。もしちがう血液型を輸血すると、その人の赤血球はこわされて、最悪命を失うケースもあるよ。

ABO式血液型は、1900年にオーストリアの血清学者・ラントシュタイナーが発見。Rh式は、1940年にラントシュタイナーと弟子のウィーナーが発見した。

【23】指紋って何がちがうの？

ヒトによってさまざまな紋様があるよ

窓などをさわったときに残る指の跡。これは「指紋」といって、ヒトによって紋様がちがうのよ。血液に種類があるように、指紋も大きく4種類に分けられるわよ。

まず、中心がうずまき状のようになった「渦状紋」。日本人の約50％がこの形をしているそうよ。「蹄状紋」は、馬のひづめのような形が特徴。日本人の約40％がこの形をしているの。3番目に多いのは、弓のような形をした「弓状紋」。そして、日本人では1％に

も満たないのが、「変体紋」とよばれる指紋よ。先に挙げた三つの形のどれにも属さない指紋なの。

この4種類からさらに形は分けられるから、指紋の形ってとても複雑ね。

しかも、同じヒトでも、指によって指紋の形はさまざまよ。

変体紋という分類はあるけど、実際に目にしたことがあるのは少ないみたい

指紋は、個人を特定することにも活用されているわ

【24】予防接種って効くの？

病気の原因になる病原体をやっつけてくれるよ

注射がきらいな子は、この言葉がいやかもしれないわね。でもね、予防接種はインフルエンザやはしか、こわい病気からからだを守る大事な注射なの。

ヒトのからだには、外からの悪い細菌などをやっつける力がそなわっているの。このはたらきを「免疫」といって、一度たたかった敵はわすれないわ。それに、その敵をやっつける物質「抗体」をすぐにつくり出してくれるの。予防接種は免疫を活用したものなのよ。

注射するときにからだの中に入れるのが「ワクチン」とよばれるものよ。ワクチンは、病気の原因になる病原体をもとにつくるの。病気にかからないよう毒性は弱めているので、からだの中に入れても心配はないわ。

2回予防接種が必要なものは、1回の接種で免疫がつかない可能性があるからなんだって

昔おそれられていた「天然痘」という病気は、予防接種のおかげでいまはなくなったらしいわ

【25】

病気のときに熱が出るのはどうして？

体温を上げて、ウイルスをやっつけてくれる

かぜをひくと熱が出るね。熱が高くなると、不安になるかもしれないけど、免疫機能が高まると考えられているんだ。つまり、熱が出ることはぼくらにとって有利で、ウイルスや細菌にとっては不利になるんだよ。

ウイルスや細菌などがからだの中に入ってくると、からだは熱を発する。からだの中に有害物質が入ると、免疫細胞が反応して、伝達物質を出すんだ。寒気がすると、筋肉がふるえて、からだの中で

熱がつくり出されるよ。
解熱剤が開発された19世紀は、熱が出たらすぐに解熱剤を飲ますことが正しいとされていた。いまは、熱が上がりきってから飲むといいようだよ。

みんなの年代だと、正常体温は「36・5〜37・5度」らしいよ

発熱したときには、水分がうばわれるから水分をしっかりとらなきゃね

【26】アレルギーって何？

免疫が過剰に反応すること

免疫は、からだを細菌やウイルスから守ってくれるけど、ときに過剰に反応して不快な症状を引き起こすわ。これを「アレルギー」というの。たとえば、せきやたん、息ぐるしさなどの症状が急に起きてくりかえす「気管支ぜんそく」や、肌にかゆみや湿しんができる「アトピー性皮ふ炎」があるわ。花粉症もそうよ。アレルギーになる原因のものを「アレルゲン」といって、ダニや花粉、食べものなどが挙げられるの。

バナナ
アレルギー
じゃなくて
よかった
たとえば
食べものの
アレルギー
はこんなに
あるわ
たくさん
あるのね!?

アレルゲンに対してつくられる抗体を「IgE（免疫グロブリンE）」というわ。IgEが増えると、アレルゲンにとても敏感に反応しちゃうのよ。同時に全身に複数の症状があらわれるアレルギー反応を「アナフィラキシー」というわ。

ヒトによっては大人になるにつれてアレルギー症状が改善することもあるみたい

アレルギー体質の人が増えているみたい。住む環境などが原因の一つと考えられているわ

【27】

子どもがお酒を飲んじゃいけないのはどうして？

みんなの心とからだに悪影響をおよぼすよ

お酒を飲んだ大人が酔っぱらった姿を見たことがあるかな？　これはお酒にふくまれる「アルコール」のしわざだ。アルコールは、血液を通じてからだの中を循環し、脳にまで到達すると、脳の神経細胞をマヒさせる。これが、酔っぱらった状態というんだ。酔っぱらうと、注意力や判断力がにぶくなる。ヒトによっては顔が真っ赤になるんだ。

まだ成長しきっていないからだでお酒を飲むと、脳のはたらきが

悪くなってしまったり、骨の成長がおくれたりするよ。アルコールを分解するはたらきをもっているのは肝臓だけど、みんなのようにまだ発達しきれていない肝臓だとうまくアルコールを分解できないんだ。そうすると、さまざまな臓器の病気を引き起こしてしまう可能性があるよ。

おこりっぽくなったり、思いやりや何に対しても意欲がわかなくなったり、心にも悪影響をおよぼすよ

お酒にふくまれるアルコールは、エチルアルコールといって、理科の実験で使うアルコールランプのアルコールとはちがうよ

【28】子どものときにだけ聞こえる音って？

モスキート音とよばれる、周波数の高い音よ

ゲームセンターや街中で、蚊が飛んでいるような「キーン」という不快な音、聞いたことあるかしら。実はこの音、大人になると聞こえない音だって知ってた？

「モスキート音」とよばれるこの音は、2005年にイギリスのハワード・ステープルトンさんによって開発された、17キロヘルツ前後の高周波音よ。夜おそい時間に店の前にいる若い人たちを退散させるために、不快なモスキート音を聞かせたことがはじまりなの。

ヒトは、大人になるとだんだん高い周波数の音が聞こえなくなってしまう。ふだん意識することはないだろうけど、耳をはじめとした器官の力は次第に低下していってるんだって。耳の力の低下は、20代から少しずつはじまっていくみたいよ。

モスキート音で耳年齢がチェックできるらしいよ

そういえばゲームセンターへ行くと、聞こえることがあったわ

【29】トンネルを通ると、どうして耳がいたくなるの？

耳の外と中の気圧が変わるから

列車がトンネルに入ったときや、飛行機で上空へ行ったときに、耳がキーンとして、いたみやこもった感じがしたことはないかな？　これは耳の中にある、中耳という部分の気圧と、外の気圧の関係がくずれたときに起こるよ。

耳の中には、空気中の音をとらえる「鼓膜」という膜がある。鼓膜の内側には「耳小骨」という振動を伝える骨があって、耳小骨がある部屋を「中耳」というんだ。

ふつうに生活しているとき、中耳の中の気圧と、外の気圧は一緒だ。だけど、外の気圧が高くなったり、低くなったりしてつりあわなくなると、鼓膜が気圧におされて片側にふくれるんだ。そのふくれてしまったのが、いたみと感じるわけだ。

いたくならないようにするには、気圧の差をひとしくすること。そのためには、あくびをしたり、つばを飲みこんだりするといいよ。

これ以上は耳がいたくて上に行けないよ
上昇すると、外の気圧が低くなっていくからね
耳は鼻ともつながっているから、鼻がつまっているときにははげしいいたみがともなうことがあるよ
いたみがひどいときには中耳炎になることもあるから、気をつけなきゃね

【30】

朝ごはんは本当に大事なの？

その日の頭をはたらかすためにとっても必要なの

ギリギリまでふとんの中にいたいよね。でも、朝ごはんを食べると、いいことがたくさんあるのよ。

脳はブドウ糖をエネルギー源として使っているわ。朝起きてすぐにブドウ糖をとると、脳がよくはたらくようになるの。特に朝は、寝ている間にブドウ糖が使われてしまっているから、しっかり朝ごはんを食べないと、午前中頭がはたらかないことになってしまうわ。そうすると、イライラしてしまったり、集中力がとぎれたりして勉強

もはかどらなくなるわけ。
朝起きて、すぐに食べられない子は、５分早く起きてみよう。ごはんとおかずを少し食べるだけでも効果があるわ。「朝ごはんはしっかりと食べましょう」と、家でも学校でもいっている理由がわかったかしら。

朝ごはんを9時までに食べると、午前中はバッチリ動けるそうだ

前の日の夜はおそくにごはんを食べないようにしなきゃね

【31】金しばりって何？

睡眠マヒの一種だよ

意識はあるのに、声が出せなかったり、おなかに大きなものがのしかかっているようで動くことができなかったりした体験をしたことはあるかな？ 実はこれ、脳が休まっていないときに起こる「睡眠マヒ」の一種。金しばりともよばれているよ。

眠りには、脳は活発に活動しているけど、からだは休んでいる状態の「レム睡眠」と、脳も休んでいる状態の「ノンレム睡眠」の二つがある。ふつう眠ると、ノンレム睡眠からはじまって、レム睡眠は眠りから90～120分後の間に出現し、だいたい同じ間隔でくりかえされる。だけど、眠ってすぐにレム睡眠になると、意識はあるのに、からだが動かなくなる。そのとき見た夢が「だれかが自分にのっている」などの幻覚が見えたように感じるんだって。

ん……
あれ？
重たい…
からだが
動かない！
も、もしかして
これが…
金しばり！
こ、こわい…
こわいよー
パチッ
酒

金しばりは強いストレスを感じているときにも、起こりやすいみたい

昼間に強い眠気がでる「ナルコレプシー」という病気は、金しばりになりやすいんだって

【32】

記憶喪失ってありうるの？

強い衝撃やストレスをうけると、記憶がなくなることがあるみたい

マンガやテレビドラマ、映画などでたまに記憶がなくなった人物が登場するよね。記憶がなくなるのは本当にありうることで、「記憶障がい」とよばれているわ。事故で頭を強く打ったり、病気で脳に影響があったり、強いストレスを感じたりしたときに起こるの。

自分がまったく何者かがわからなくなるような状態もあれば、衝撃をうけてからしばらくの期間記憶がなくなったり、衝撃をうける以前の記憶がなくなったり、さまざまな記憶障がいに分けられるの

よ。
大人だと、お酒を飲んで記憶がなくなる人もいる。アルコールが記憶を管理する脳の「海馬」という部分に影響をおよぼすからと考えられているよ。

わすれたくないことは、メモや写真で記録に残しておこうっと

脳は複雑なはたらきをしているのね

からだにまつわる、ここを教えて！

いろんな現象にはからだのさまざまな部分が関わっているんだなぁ。ねぇ、ジジ、もっと肝心なことを教えてほしいんだけど……

私も知りたいことがあるわ！

「肝心」は、器官の中でもとても大事な肝臓と心臓が由来している言葉だ。聞くのは、本当に大事なことだろうね？

からだにまつわる言葉

質問を聞く前に……、「肝心」以外にもからだの部分からつくられた言葉を少し紹介しよう

★ 危機一髪

かみの毛１本ほどの差で、危険がせまっている、きわどい状態のこと。

★ 断腸の思い

「腸」がちぎれるほどつらく、悲しい状態のこと。

★ 一目瞭然

ひと目見てすぐにわかること。

★ 目から鱗が落ちる

いままでわからなかったことが、急に理解できるようになること（目をふさいでいた鱗が落ちたことで、見えるようになることから）。

★ 腑に落ちない

納得がいかない状態のこと。「腑」は内臓のことだよ。

れんの
ここが知りたい！

運動神経がいいヒトってどこがちがうの？

運動神経がよくなりたいんだ。走るのも速くて、サッカーや野球などの球技もできて、水泳もできる——。でも、そもそも運動神経ってどこにあって、いいヒトはほかのヒトに比べてどこがちがうんだろう？

運動神経は、骨についている筋肉に脳から指令を伝える末梢神経の一つだよ。脳からの指令が、筋肉に速く伝わるほど、「運動神経がいい」ということになるんだ。

みんながイメージする「運動がなんでもできる」という意味だと、脳からの一度の指令で、よりたくさんの筋繊維をはたらかせることができることを指すよ。

れんの
ここが知りたい！

運動神経がいいのは、生まれつき？

お父さんやお母さんが運動オンチだと、遺伝しちゃうものなのかな？

生まれつきの部分も少なからずはあるけど、あきらめるのは早い！　運動神経は、努力でよくすることもできるんだ。

運動に関わる神経は、10歳ごろまでに急速に発達するよ。だから、10歳ごろまでにいろんな種類の運動に挑戦してみよう！

また、右脳も大きく関係している。だから、右脳をきたえると、運動がうまくなるといわれているよ。右脳をきたえるには、音楽を聞いたり、絵をかいたり、見たり、芸術にふれるのがいいみたいだ！

せいの ここが知りたい！ からだがやわらかいヒトって、どこがちがうの？

からだのやわらかさに関係しているのは二つある。「筋肉」と、骨と骨をつなぐ「関節」だ。

まず、運動をあまりしないと、筋繊維がちぢんだままになってしまうんだ。次第にその筋繊維が硬くなって、筋肉がのびにくくなってしまうよ。

次に、関節が動く範囲も関係している。関節が動く範囲は、関節のまわりにある「靭帯」「腱」とよばれるものが、どの程度の強さで関節をとりまいているかで決まるよ。この構造がゆるいと、動かせる範囲が広くなって、やわらかいといえるんだ。

だから、やわらかいヒトのからだは、筋肉の筋繊維がのびやすくて、関節の動く範囲が広いといえるね。

私は、180度開脚をして、
頭をゆかにつけるヒトを見て、
すごいと思ったの。
からだがやわらかいって、
からだの中がどうなって
いるのかしら？

せいの ここが知りたい！ からだはやわらかい方がいいの？

からだがやわらかいと、血行がよくなったり、ケガをしにくくなったりするんだ。

みんなが運動する前後に行うストレッチは、からだの筋肉をのばすことで、ケガを予防したり、筋肉のつかれをとるために行われているよ。

これが世界レベルだ！

運動神経というキーワードが出たから、ついでに陸上と水泳の世界記録を見てみようか

◆陸上

100メートル

男子　ウサイン・ボルト　（9秒58）
女子　フローレンス・ジョイナー　（10秒49）

800メートル

男子　デービッド・ルディシャ　（1分40秒91）
女子　ヤルミラ・クラトフビロバ　（1分53秒28）

マラソン

男子　デニス・キメット　（2時間2分57秒）
女子　ポーラ・ラドクリフ　（2時間15分25秒）

走り高跳び

男子　ハビエル・ソトマヨル　（2.45メートル）
女子　ステフカ・コスタディノワ　（2.09メートル）

走り幅跳び

男子　マイク・パウエル　（8.95メートル）
女子　ガリナ・チスチャコワ　（7.52メートル）

◆水泳

自由形50メートル

男子　セザール・シエロフィリョ　（20秒91）
女子　サラ・ショーストロム　（23秒67）

背泳ぎ50メートル

男子　リアム・タンコック　（24秒04）
女子　趙菁　（27秒06）

平泳ぎ50メートル

男子　アダム・ピーティ　（25秒95）
女子　リリー・キング　（29秒40）

バタフライ50メートル

男子　ラファエル・ムニョス　（22秒43）
女子　サラ・ショーストロム　（24秒43）

※2017年9月24日現在

陸上女子800メートル走の記録は、1983年以降だれにも破られていないんだって

レンジャーの仲間に入ってほしいわね……

これはどこだ！ からだの器官

レンジャーになると、
いろんなヒトを助けなくてはいけない。
そのヒトがからだの異変を話していたら、それが
からだのどの部分かを把握するのがとても重要だ

これは初級編よ。
三つの話から、からだの部分を当ててみましょうか

まちがいは禁物だね！

緊張するわ〜！

特別任務

Aさん、Bさん、Cさんは、それぞれ、からだのある
器官について話をしているよ。
どのからだの部分を言っているかな？

Aさん

ヒトが言っていることやその状況を理解するときに、はたらいているところだよ。

こうやって言葉を話すときにも、はたらいているんだ。

とても大事なところだね。

Bさん

栄養の一部を一時的にたくわえておくところよ。

からだにとって害のあるものを、害のないものに変えてくれるの。

二人にはまだ早いけど、お酒のアルコールとかがそうね。

水やミネラルを吸収して、あいつをつくるところだよ。

あいつって、みんなが毎日トイレに行って出す、あいつさ！

選択肢

① 心臓	② すい臓	③ 中脳
④ 大脳	⑤ 肝臓	⑥ 大腸

答えは88ページに！

まどわされるな！　まちがい探し！

れん見て！　らいおむ隊長から手紙が届いたわ！
返事書いておくわね～！

ちょっと待って！　なんかおかしいぞ……

特別任務

らいおむ隊長の手紙には、まちがいが三つあるよ。

よく読んで、まちがいを見つけてみよう。

まちがいには、正しい言葉を入れてみてね。

れん、せいへ

毎日が早くすぎるな。ちなみにわしは、二人がいない間に、休みをとっている。「ガオー会」という昔の仲間の集まりで久しぶりに走ったら、二酸化炭素が足りなくて息が切れたよ。

一日中外にいたからか、日焼けをしてしまってね。二の腕がすごくヒリヒリするんだ。きっと、皮ふの中でワクチンが増えているんだな。ついでに、アレルギーで鼻水が止まらなくて、ヒスタミンの正体は花粉かなと思っている。

今朝は、いい天気だなぁ。

らいおむより

手紙のそれぞれの文の頭の文字をつなげると「まちがいにきつ（づ）け」になる

素直に返事を出していたら、また成長していないと思われるところだったわ……

答えは88ページに！

クイズの答え

れんとせいの特別任務①

Aさん—④（大脳）

Bさん—⑤（肝臓）

Cさん—⑥（大腸）

れんとせいの特別任務②

（まちがい→正解）

①二酸化炭素→酸素（4行目）

②ワクチン→メラニン（8行目）

③ヒスタミン→アレルゲン（9行目）

どうやら、
ひっかからなかったようだな

動物のふしぎ

いま地球にいる動物たちは、
進化して強くなってきた
動物たちばかり！

動物の仲間分け

ズームアップ!
Zoom up!

次は、地球上にどんな動物がいるかを見てみましょう。世界に確認されている生物は約175万種。そのうち、ほ乳類は約6000種、鳥類は約9000種。昆虫は約95万種もいるわ

まだ知られていない動物がもっといると考えられているよ。まずは、動物を仲間分けしてみよう

無セキツイ動物　背骨がない動物だよ

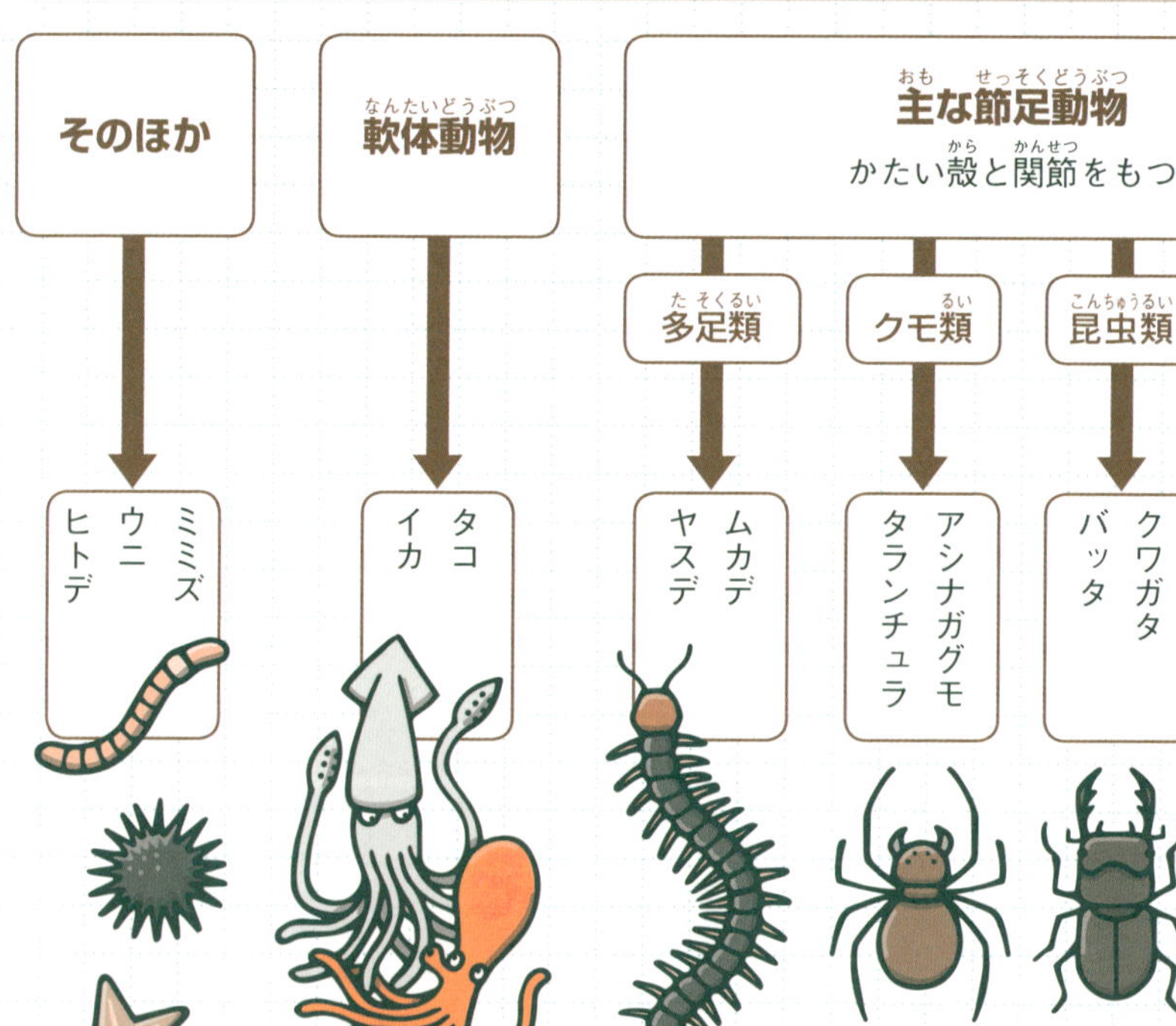
そのほか
ミミズ
ウニ
ヒトデ
軟体動物
タコ
イカ
主な節足動物
かたい殻と関節をもつ
多足類
ムカデ
ヤスデ
クモ類
アシナガグモ
タランチュラ

昆虫類
甲殻類

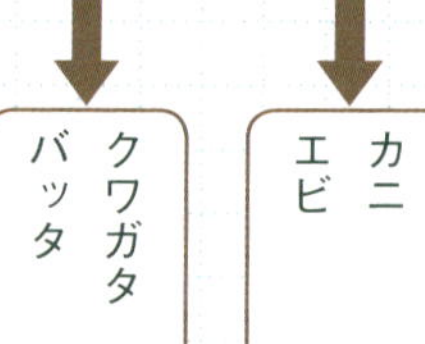
クワガタ
バッタ
カニ
エビ

セキツイ動物　背骨がある動物だよ

魚類	両生類	は虫類	鳥類	ほ乳類
ひれがあって、えらで呼吸をする	子どものころはえらで呼吸をする	硬いウロコでおおわれ、弾力のある卵を産む	くちばしや翼があって、からだが羽毛でおおわれている	からだは皮ふと毛でおおわれている。子どもに乳をあたえて育てる
コイ タイ サンマ	カエル イモリ	ヘビ カメ ヤモリ	スズメ ハト オウム	ヒト ウシ ネコ

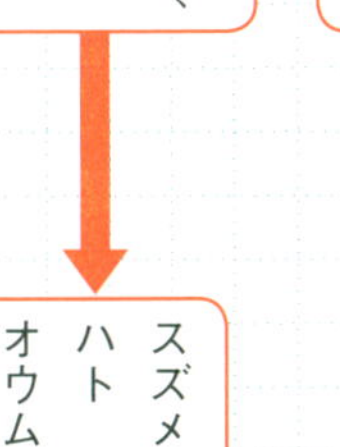

は虫類、両生類、魚類は、まわりの温度にともなって体温が変わるよ（変温動物）

ほ乳類と鳥類は、まわりの温度が変わっても、体温はほぼ一定よ（恒温動物）。ほ乳類以外は、卵を産んで子孫を残すの

【33】最初の生物って何？

細菌の一種だったと考えられているよ

地球ができたのは、いまから46億年前。地球に初めて生物が誕生したのは約36億～38億年以上前とされているよ。約10億年間は生物はいなかったことになるね。最初の生物は、海の中で生まれたよ。海には、タンパク質の成分であるアミノ酸や、DNAの成分などがふくまれていて、これらを材料として、最初の生物が生まれたんだ。酸素なしで、有機物を分解してエネルギーをつくる生物だったといわれているよ。

いまのように地球に酸素が増えたのは、「シアノバクテリア」という生物がいたからだという説がある。シアノバクテリアは、約27億〜35億年前から存在していて、細菌の一種と考えられているよ。光と水と二酸化炭素を吸収して、酸素を出す「光合成」をする初めての生物で、二酸化炭素ばかりだった当時の地球に酸素を放出したんだ。

地球の歴史から考えると、人類の歴史は本当に短いね

生物が誕生した当初、酸素は毒だったみたい

【34】どうして恐竜は絶滅したの？

いろんな説があって真相はまだなぞ

恐竜は、硬いウロコにおおわれ、弾力のある卵を産むは虫類の仲間。約1億6000万年もの間、地球上にすんでいたといわれているわ。肉食恐竜の「ティラノサウルス」や、角が特徴の「トリケラトプス」が有名よね。

恐竜たちが姿を消したのは、約6500万年前。絶滅の理由には、小惑星が地球に衝突したり、火山活動が活発になったりしたことで、引き起こされた気温の変化が恐竜たちを苦しめた説があるわ。でも、

「恐竜は絶滅したのに、鳥の仲間やワニなどのは虫類はどうして絶滅しなかったのか？」という疑問もあって、真実にはたどりついていないの。

恐竜が科学的に初めて記されたのは、1824年。イギリスのウィリアム・バックランドがメガロサウルスについて書いたよ。科学技術がさらに進めば、恐竜が絶滅した真実が明らかになるかもしれないわね。

恐竜の化石を見つけるのは、とてもワクワクしそう

胴体からまっすぐにのびた足でからだを支えているのが、恐竜の特徴らしいわ

絶滅が心配される動物たちって？

世界中には数が少なくなって、絶滅が心配されている生物がたくさんいるって聞いたわ

どうして、数が少なくなってしまうんだろう？

食べるためやお金にするために（密猟）、ヒトが必要以上の数をつかまえたり、すむ環境をこわしたりしていることが挙げられているわ

IUCN（国際自然保護連合）

絶滅をさせないために、世界では保護活動が行われているよ

1948年に設立された世界最大の自然保護ネットワーク。160か国から1万人以上の専門家や科学者が参加していて、生物を守るための協力関係を築いているよ。

「絶滅の危機にある種のリスト（通称レッドリスト）」で、絶滅のおそれの高い種をランク別にまとめている。ランク別にすることで、自然保護の優先順位を決める手助けになっているんだ。

2017年9月には、世界にいる生物の8万7967種を評価し、約3割の2万5062種を絶滅のおそれのある種（絶滅危惧種）と発表しているよ。

IUCNによるレッドリスト表（ランク別）

絶滅	すでに絶滅したと考えられている
野生絶滅	飼育、栽培下でしか確認されていない種
絶滅危惧ⅠA類	近い将来、野生での絶滅の危険性が高い種
絶滅危惧ⅠB類	ⅠAにつづき、近い将来野生での絶滅の危険性が高いと考えられる種
絶滅危惧Ⅱ類	絶滅の危険性が増大している種
準絶滅危惧	絶滅する可能性は低いが、生活している環境の変化によって絶滅の危険性が高くなる種
軽度懸念	上のどれにも当てはまらない種。生活している地域が広いものや、数が多い種
情報不足	評価するための情報が不足している種

※IUCNだけではなく、環境省などの政府機関や、各都道府県によってつくられたレッドリストもあるよ。

絶滅が心配される動物の例

ジャイアントパンダ
すんでいる地域　中国南西部の山林

2017年に上野動物園で赤ちゃんが生まれたことが記憶に新しいね。野生の個体数は1800頭あまりで、その多くが中国の山林にすんでいる。でも、その場所は金などの鉱物資源が豊富で、資源を求めるヒトの手で開発が進められてしまったんだ。パンダたちはすむ場所を分断されて、移動することができなくなってしまったよ。

インド洋や西太平洋の暖かくて浅い海

海藻が多く生える「藻場」でくらす、草食動物だよ。食用としてヒトにたくさんつかまったり、ボートや漁船の網にかかる事故で命を落としてしまっている。世界で約10万頭がいるといわれている。日本でも沖縄の海にすんでいるけど、個体数は50頭以下らしい。

すんでいる地域　日本（北海道）、中国

オスとメスが一生同じペアでくらす、動物界ではめずらしい鳥。生活をする湿地が畑や工場になって減ったことで、すむ場所を追われ姿を消してしまったんだ。日本では絶滅したと考えられていたけど、北海道で姿が確認された。保護活動によって、いまは1000羽以上に増えているよ。

すんでいる地域　メキシコ

メキシコのソチミルコ湖周辺だけにすむ両生類だ。湖に街の排水などがたくさん流れこんで、すむ湖がどんどん汚れているよ。またヒトが放した魚に食べられて数が少なくなってしまった。「ペットで売られているのを見たことがあるよ」と思うかもしれない。それはペット用に繁殖させたものなんだ。

写真：PIXTA提供

35

世界で一番大きい動物って？

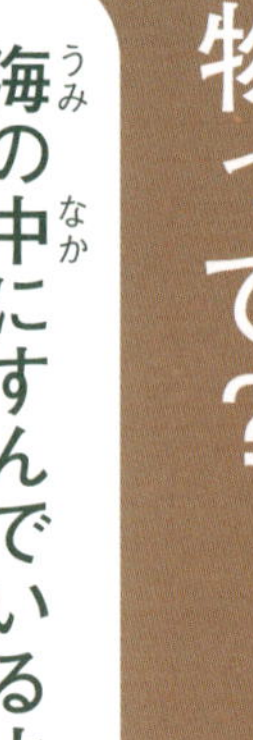

いま地球にすむ生物で一番からだが大きいのは、「シロナガスクジラ」だ。世界中の海にすんでいるよ。体長は21～26メートルで、大きなものだと30メートルを超えることもある。体重は、なんと100トン以上で、心臓は約180キログラムの重さにもなるんだって。1年間の妊娠期間をへて、産む子どもは1頭だ。生まれたばかりの子どもでも、体重は2トンを超すらしいからおどろきだね！

一番大きなからだをしているけど、ヒトをおそうことはほとんど

ないよ。しかも、歯をもっていないんだ。歯の代わりに、口に無数のひげをもっていて、エビに似たオキアミなどをひげでこして、食べているよ。大人のシロナガスクジラだと、1日当たり4~8トンものオキアミを食べるそうだ。

赤ちゃんでもすごい大きさだ！

陸上で一番大きい動物は、体長4~5メートル（鼻をのぞく）になる「アフリカゾウ」よ

【36】

どうしてゾウは鼻が長いの？

ゾウの祖先は鼻が短かったらしいよ

長ーい長い、ゾウの鼻。鼻と上くちびるが一緒にのびてくっついたものだよ。鼻の長さが特徴だけど、ゾウの祖先は鼻が短かったといわれている。もともとは、森林や湿地にすんでいたけど、すむ場所を草原に変えて、大きなからだに進化していったんだ。

大きいからだには大量のエネルギーが必要。ゾウの祖先は食べものや水を口に入れるたびに、大きなからだをかがめる必要があった。だけど、大きなからだをかがめるにはとてもエネルギーがいる。ゾ

ウの祖先は、わざわざかがむ必要がないように、鼻を長くすることで生きぬいていったといわれているよ。

長い鼻は筋肉でできていて、骨はない。個体差もあるけど一度に約5リットルもの水が入るといわれているからおどろきだね！ 食べものや水を口に運ぶだけではなくて、ものをつかんだり、敵を追いはらったりするのにも使われるんだ。

大きなからだだから、
ほかの動物は
ゾウをこわがるらしいよ

5トンの体重で踏みつけられたら、
ひとたまりもなさそうね

【37】

キリンの首はどれくらい長いの？

高いところの葉も食べられるくらいの長さ

キリンの首が長いのは、ゾウと同じように生きぬくために進化したから。首が長いと、木に生えている葉っぱを食べることができて便利なの。キリンがすむ、植物の少ないアフリカの草原では、高いところの草はとても貴重な食料なのよ。

キリンは頭までの高さが約6メートルもある大きな動物で、そのうち約2・5メートルは首の長さよ。赤ちゃんを産むときは、なんと立ったまま産むんだって。約1・5メートルの高さから産み落とされるなんて、赤ちゃんはびっくりしちゃうだろうね。

キリンは、頭を上げても下げても血液の流れる量は一定になる、大きくて強い心臓をもっているわ。首が長いと、遠くにいる敵をすぐ見つけることもできるのよ。

キリンの首の長さもおどろくけど、長い足も目をひきつけるね。キリンの足は強いキック力があって、おそってくる敵がひるむほどらしいわ。

【38】指の数は動物によってちがうの？

生活する場所におうじて、指の数が変わっていったよ

ヒトは5本の指があるわね。でも、ほかの動物を見てみて。足の指の数がちがってくるの。たとえば、ウマは1本。ラクダやキリンは2本。多くの鳥は4本で、サルとヒトは5本よ。

もともと魚から両生類に進化して、足ができたばかりのときは、6〜8本指の動物もいたのよ。胸びれが前足になり、腹びれが後ろ足になって、ひれにあったたくさんの骨が指になったの。

両生類の子孫である虫類や、ほ乳類も5本指だったのよ。でも、

生活する場所におうじて、使わない指が小さくおとろえていって、いまのような指の数になっていったの。イヌやネコの後ろ足の指は4本だけど、実は短く退化したもう1本の指の骨がかくれているのよ。前足が翼に変わっていった鳥は、短い指の骨が翼にかくれているみたい。

パンダには指のように見えるこぶがあって7本指に見えるんだって

指の本数がちがうなんて、気づかなかったわ!

【39】たくさんの赤ちゃん（卵）を産む動物って？

マンボウは、たくさんの卵を産むよ

みんながお父さんとお母さんから生まれてきたように、動物は、仲間を増やすために子孫を残す。たくさんの卵を産む動物の代表は、海の中にすむマンボウよ。かつては3億個といわれていたけど、最近の研究によると約８０００万個もの卵を海の中に産むらしいの。

そんなに産むなら、海の中はマンボウだらけ？と思うかもしれないわね。でも、大人にまで成長できるマンボウの確率はとても低いそうよ。なぜなら、海の中に放たれた卵たちは、ふ化したあとは自

分の力で生きていかなきゃいけないの。ほかの魚たちのエサとなって食べられてしまうことが多いのよ。

ほかにも卵を多く産む動物として代表的なのは、ブリ（約150万個）、フナ（約9万個）などが挙げられるよ。マンボウに比べたら少ないと感じるけど、多いわよねぇ……。

大人になれるのはひとにぎりと考えると厳しい世界だな……

私たちも、多くの精子の中から生まれてきたのよね

【40】卵を産むほ乳類がいるって本当？

本当。２種類紹介しよう

ほ乳類でも卵を産む動物がいるよ。ここでは、「カモノハシ」と、「ハリモグラ」を見ていこう。

カモノハシは、オーストラリアと、タスマニア島だけにすむ。カモのようなくちばしがあって、水かきを使って上手に泳ぐよ。赤ちゃんを育てるためのミルクが必要だけど、カモノハシには乳首はない。代わりに、おなかに「乳腺区」という場所があって、そこからミルクがにじみ出るよ。赤ちゃんは、お母さんのおなかの上で、乳腺区

をこすってミルクを飲むんだ。

一方のハリモグラは、おなかの「育児嚢」とよばれる場所に卵を産み、卵は育児嚢の中でふ化をする。

どちらも、原始的なグループに分類されている。1859年にイギリスの自然科学者チャールズ・ダーウィンが出版した『種の起源』では、カモノハシが「生きた化石」として取り上げられているよ。

カモノハシは、オーストラリア政府が大切に保護していて、日本の飼育の例はまだないみたい

カモノハシのオスの後ろ足のつけ根には、毒を出す腺があるんだって

【41】オスが出産する動物がいるって本当？

タツノオトシゴが有名よ

卵を産んで世話をするのはメス、という印象が強いけど、オスが卵を守って世話をする動物がいるわ。

タツノオトシゴのオスは、おなかに「育児嚢」という袋をもっている。メスはそこに産卵するのよ。卵は、2～6週間程度でふ化をするよ。約1センチの赤ちゃんたちが、オスのおなかの中から出てくるの。その間、メスは新たな卵をつくって準備しているらしいわ。

水生昆虫の「コオイムシ」は、メスがオスの背中に50～70個の卵

を産みつけるの。オスは卵がかえるまで敵から守って世話をするのよ。卵を空気に当てるために、時々水面から卵を出すこともしているみたい。

海水魚のアゴアマダイの仲間は、メスが産んだ卵をオスが口の中に入れて守るみたいだよ

タツノオトシゴの仲間の「ヨウジウオ」も同じしくみで、オスが出産しているわ

【42】

卵を温めたら、ヒヨコは生まれるの？

ヒヨコになる卵と、ならない卵があるよ

スーパーへ行くと、たくさんの卵が売っているわね。みんなの家の冷蔵庫にも卵があるんじゃないかしら。「ヒヨコは卵から生まれるから、温めたらヒヨコが生まれるかも？」と思うかもしれない。

でも実は、スーパーで売られている卵の99％がヒヨコにならない「無精卵」なの。売られている卵は、養鶏所とよばれる場所でめんどりが毎日産んでいるものなの。産んだ卵を取られると次々と卵を産む習性を利用して、ヒトはいつでもニワトリの卵を食べられるよう、

品種改良してきたの。

ヒヨコになる卵は、おんどりと交尾をしためんどりが産んだ卵で、「有精卵」とよばれているわ。有精卵を約37度の温度で21日間温めると、ヒヨコが生まれるの。有精卵と無精卵は、専門家でも簡単に見分けがつかないそうよ。

ニワトリは、年間に280個もの卵を産むんだって

日本の卵の年間消費量は1人当たり330個（2015年度時点）。世界トップ3に入るらしいわ

市販の卵からウズラをふ化させた中学生がいる!?

市販の卵からヒヨコをかえすのは難しいと話したけど、市販の卵からウズラをふ化させた中学生がいるの！インコなどの繁殖も経験し、いまはニワトリの卵のふ化にも取り組んでいるそうよ。彼の取り組みを紹介するわね

金子和矢さん
（神奈川・桐光学園中学２年）

手のひらにのせているのは、ウズラの「チビ太」（1歳、おす）。小学生がウズラのふ化に成功したという新聞記事を読んで興味をもち、2016年の夏の自由研究でスーパーで買ったウズラの卵のふ化に取り組んだそうよ。ウズラの場合、スーパーに売っているものに有精卵が一部交じっていることがあるらしいの。

自作したウズラ用の孵卵器＝本人提供

夜中も４時間置きに卵の世話

複数の本で研究し、卵をかえす孵卵器を手作り。水が入った容器、卵を守る綿、温度・湿度計などを入れた発泡スチロールの箱で、ヒーターの上に置いたよ。

ヒナへと成長する「胚」と殻がくっつかないよう、4時間ごとに卵を転がす作業をしたんだって。夜中も午前3時に目覚ましをセットしてつづけたみたい。

ふ化して２日目、エサを食べるヒナ＝本人提供

実験開始から１７日目、ついに……

１回目の実験では、20個の卵を孵卵器に入れたわ。殻を破って「ピヨピヨ」と鳴く声が聞こえたのは実験開始から17日目。体重8グラムのヒナが生まれたわ。「たけし」と名付け、成長記録をつけはじめたというわ。

殻から必死に出ようとするウズラのヒナ＝本人提供

実験は３回。計８０個の卵のうち６個がふ化

無事に成長したのは2羽。でも、残念ながら「たけし」は生まれて1年で死んでしまったの。

殻を弱々しく破る姿を目の前で観察できたときは、小さな命を信じ、手伝いたい気持ちをおさえたんだって。体重が増えず、弱っていくのを手で温めることしかできなかったヒナには「自分の無力さ」を感じたというわ。

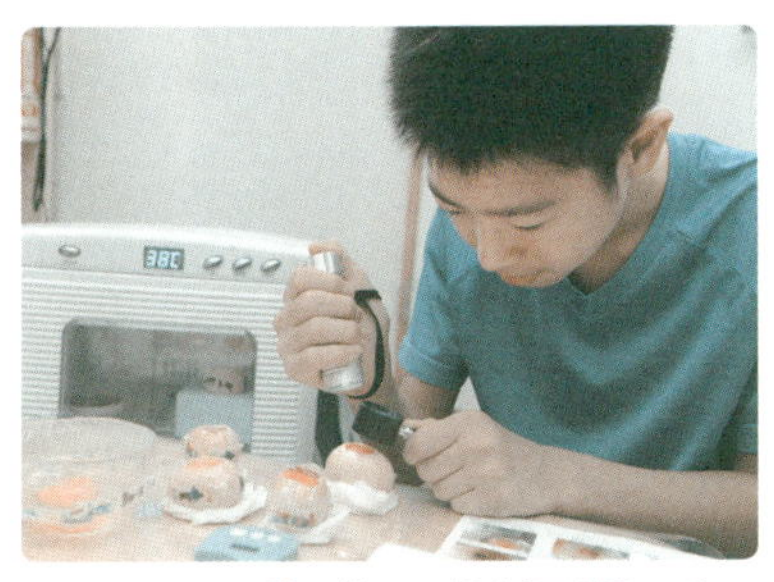

ニワトリの卵の殻の一部を切り取って発生の様子を観察する金子さん

卵の中で小さな命が生きている

2017年の夏は、ニワトリの卵のふ化を観察。生産者から取り寄せた有精卵の一部をナイフで切り取るなどして、保温庫に入れたそうよ。赤い点のような心臓がちぢむ様子が確認できたときは、「生きている」と感動したというわ。

小さな命と向き合った経験を通して、「命はかけがえのないもので、むやみに傷つけてはいけない。将来は医師になって、大切な命を救いたい」と話しているよ。

朝日中高生新聞2017年9月17日付をもとに編集

【43】

夜行性と昼行性ってどちらがいいの？

その動物のくらし方に関わるもの

ヒトのように、太陽が出ている昼間に活動して、月が出る夜に眠る性質を「昼行性」というわ。逆に、真っ暗な夜に活動をして、昼間はからだを休める性質を「夜行性」というよ。昼行性か夜行性かは、その動物の生活のしかたが関係してくるわ。

昼間に敵にねらわれやすい小動物は、夜行性。夜行性動物は、暗やみでもエサを見つけられるよう、視力や嗅覚が発達しているの。

もともとは夜行性でも、ヒトと一緒に生活することで昼行性になっていった動物もいる。イヌやネコなどがそうね。川にいるサケのようにふだんは昼行性でも、冬になると夜行性になる動物もいるよ。水温が下がると動きが鈍くなるの。また代謝も落ちるから、食べる量は少なくてもいいんだって。成長も期待できない冬は、敵にねらわれるリスクの高い昼間は活動しないみたいよ。

ハムスターも夜行性なんだって。意外といるんだな～

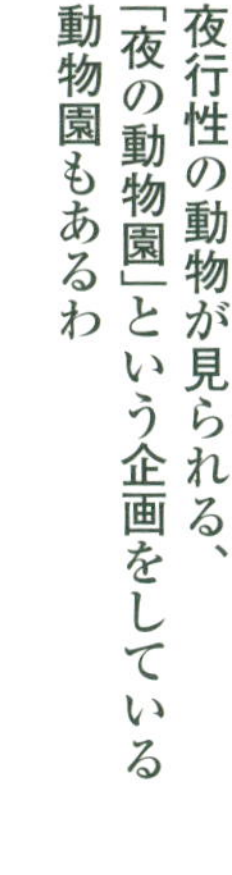

夜行性の動物が見られる、「夜の動物園」という企画をしている動物園もあるわ

【44】冬眠のときって何をしているの？

ほとんど活動をしないよ

寒～い時期は、みんなも外に出たくないよね。動物たちも一緒で食べものが少ない寒い冬の時期は、ごはんを食べることや活動をほとんどしないで、冬をこすんだ。これを「冬眠」というよ。カエルやヘビ、カメなどの変温動物は、地中などあまり温度が下がらない場所へ移動して冬眠に入るんだ。恒温動物のほ乳類でも、コウモリなどは岩のほら穴で生活するよ。

クマ科は、ほった土穴で冬をこす。体温の低下は少しで眠りもあさいから、冬眠にまではいかない「冬ごもり」をするんだ。その期間に、子どもを産むんだって。一切食事をしないけど、1～3頭の子どもを産むというからすごいよね。飲まず食わずで赤ちゃんを育てるから、母グマは春になると、体重が25～30％も落ちてしまうんだって。

冬眠の反対で、高温で乾燥する夏の時期に活動をしない「夏眠」もあるよ。カタツムリ、カエルなどがするらしい

アメリカクロクマは、冬ごもりの間、おしっこやうんちをしないんだって

【45】

魚は眠らないの？

眠るけど、危険ととなりあわせ

ヒトは、休むときに目をつむって眠るよね。でも、魚はどうだろう？　目を開けてずっと起きているイメージだ。実はちゃんと眠っているんだよ。

魚には、まぶたがない。だから、眠っているのがわからないんだ。それに海や川の中には、サメをはじめとした肉食の敵が多くいるから、眠るときはいつも危険ととなりあわせ。敵に見つからないよう、水草の中や岩かげなどにかくれて、じっとして眠っているよ。

サンゴ礁にすんでいるクマノミは、イソギンチャクの中で眠る。キュウセンという魚は砂にもぐって眠るよ。泳ぎつづけないと息ができないマグロは、眠りながら泳いでいるというからおどろきだ。脳が小さいから、睡眠時間はわずか5秒ほどでいいんだって。代わりに、眠る回数は多いそうだけど。

魚たちは、みんな工夫をして眠りの時間をとっているようだね。

基本的に野生の動物は、敵がいつおそってくるかわからないから、あまり深くは眠らないみたい

ハゲブダイという魚は、全身からゼリー状の液体を出して、寝袋のようにからだを包んで眠るらしいよ

【46】水中に長くもぐれるほ乳類がいるのは、どうして？

酸素の貯蔵庫をもっているよ

クジラやシャチ、イルカなどはほ乳類なのに、魚のように水中にもぐっていられる動物よ。マッコウクジラは、約90分ももぐっていられるらしいわ。すごいわよね。この潜水力は、何百万年もかけて進化して身につけてきた技なの。

ヒトやほ乳類が呼吸をするとき、酸素が赤血球の中のヘモグロビンというタンパク質と結びつくわ。ヘモグロビンは、からだの中に酸素を運ぶ機能をもっている。水中にもぐるほ乳類たちは、このヘ

潜水対決よ！
ボコ
ボコ
ポコ
もうっ限界！
まだ1分もたってないよ

モグロビンと、筋肉が活動するときに酸素と結合するタンパク質「ミオグロビン」を豊富にもっているの。ヘモグロビンもミオグロビンも、ほかのほ乳類や、ヒトよりもはるかに多くもっているらしいわ。

水中のほ乳類たちは、水中でヘモグロビンの酸素が底をついても、ミオグロビンの酸素を使うことで、長い時間息を止めてもぐっていられるようね。

アカボウクジラは、約138分も水中にもぐった記録があるよ

ヒトがミオグロビンを多くもっていると、病気の原因にもなるらしいわ

【47】クジラのふく「しお」って何？

水中をもぐったクジラは、海面に出て呼吸をする。そのとき、いきおいよく出るのが「しお」だ。しおは、クジラが鼻からふき出した息だよ。

クジラの鼻は頭の上の方にある。鼻が頭の上にあるのは、楽に息をしやすいように進化していったからだというよ。

しおが白く見えるのは、しおをふくときにからだについた海水や、息にふくまれる水分が霧のように見えるから。からだの中で温めら

れた息が、冷たい空気中にふき出されると白く見えやすいんだ。
クジラの種類によって、しおの形もちがってくるというよ。ナガスクジラは細く高く上がり、マッコウクジラは頭の左斜め前に上がるんだって。シロナガスクジラがふくしおの高さは、10メートルを超すらしいぞ。

さむい日に息をはくと、白く見えるのと一緒かな

鼻の穴が1個のクジラもいれば、2個のクジラもいるみたい

【48】イルカが高くジャンプできる理由って？

速いスピードで助走をつけているから

水族館に行ってイルカのショーを見ると、イルカが高くジャンプする姿を見るかもしれないね。イルカは、ジャンプをするときにとても速いスピードで泳いで、水面から飛び出すんだ。みんなが走り高跳びで助走をしてから跳ぶように、イルカも水の中で速いスピードで助走をしているんだよ。

イルカには、横向きの大きな尾びれがある。この尾びれを上下にふることで、たくさんの水をけることができるよ。泳ぐスピードは、

速いイルカでは時速55キロほども出るらしい。

その速さなら、野生のイルカはそのまま海の中を泳いでいてもいいと思うけど、ジャンプをすることで、水の抵抗を受けずに楽に長い距離を泳げるんだって。ほかにも、コミュニケーションをとったり、ただ遊んだりしていたり、ジャンプをする理由がいろいろあるみたいだ。

水族館では、イルカが聞きとれる高い音を出す笛を使って、芸をしこんでいるよ

「飛魚」とかくトビウオは、時速60キロで飛ぶみたい

【49】水族館のサメはほかの魚をおそわないの？

おそうことはめったにない

海でこわい動物といえば、「サメ」。水族館で見るサメは、すました顔で泳いでいるけど、ほかの魚を食べている瞬間は見たことがないわよね。実は水族館のサメは、めったにほかの魚を食べないの。なぜなら、サメは十分なエサを食べているからよ。

もともと食べるのは生きるため。ヒトのように食事を楽しむことはないの。水族館ではエサがあたえられているから、サメはほかの魚をおそうことはないのよ。

でも、サメは血のにおいに反応する性質をもっているから、ケガをした魚の血をかぐと興奮しておそってしまうこともあるらしいわ。海では注意が必要ね！

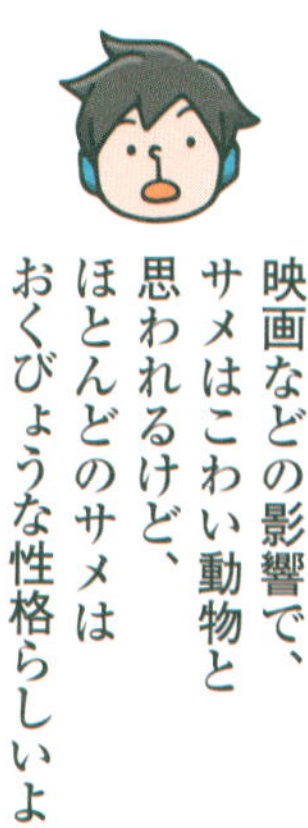

映画などの影響で、サメはこわい動物と思われるけど、ほとんどのサメはおくびょうな性格らしいよ

サメの一種のジンベエザメは、プランクトンしか食べないみたい

【50】

自分が生まれた場所にもどってくる動物って？

サケは自分が生まれた川にもどってこれる

海にすむサケが、卵を産むのは川なのは知っているかな？　サケは卵を産むために秋になると、自分が生まれた川にもどってくるんだ。

サケは北の海で場所を変えながら、3～4年かけて成長する。広い海から自分が生まれた川へもどるのはとてもすごいよね。どうやって生まれた川へもどってこれるかは、まだちゃんとした理由がわかっていないけど、二つの理由が考えられているよ。

一つは、太陽の位置をたよりに川へもどっているという説。海の中でも、太陽の光は届いているんだ。もう一つは、地球の磁力を感じているという説だ。これらを手がかりに川に近づくと、次ににおいをかぎながら生まれた川へ行き着くと考えられているよ。

自分が生まれた場所で産むのが、やっぱりいいのかな?

サケは約300~3000個の卵を産むらしいわ

【51】エビやカニをゆでると赤くなるのはどうして？

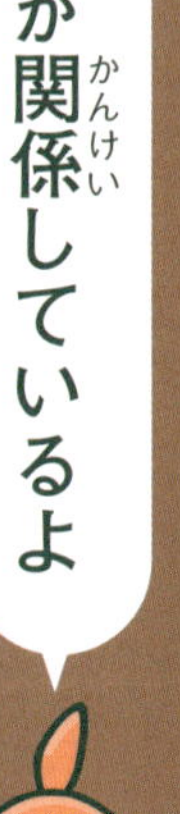

エビやカニといえば、あざやかな赤い色がきれいよね。でも、スーパーで売られている生のエビやカニは、赤色じゃないのはなんでかしら？

エビやカニの殻には、「アスタキサンチン」という赤い色素がふくまれているよ。アスタキサンチンは、トマトにふくまれるリコピンや、ニンジンにふくまれるカロテンなどの天然色素の仲間。エビやカニのほかに、サケやイクラの色素もこれなの。

エビやカニが生きているときに、アスタキサンチンはタンパク質と結びついて「カロテノプロテイン」という別の色の物質になる。その場合、くすんだ青紫のような色になるの。ゆでると赤くなるのは、熱によってアスタキサンチンがタンパク質と分かれるから。だから、ゆでたときと生きているときの色が変わるのよ。

アスタキサンチンは、動脈硬化をおさえたり、睡眠を改善したりするはたらきをもっているらしいよ

昔の人はこの色の変化をどう思っていたのかしら

【52】イカとタコの共通点って？

からだがやわらかくて、足がいっぱいあって、そして黒いスミを出す、イカとタコ。実は、同じ貝から進化した動物なんだ。どちらも背骨がない無セキツイ動物で「軟体動物」というグループに分けられているよ。頭がからだの真ん中にあって頭のようなところは、実は胴体なんだ。

タコとイカは似ているけど、ちょっとちがうところもあるよ。まず、足の数。タコとイカの足は8本。イカはさらに2本の「触

腕」という腕をもっている。次にスミだけど、タコが出すスミは、敵の鼻をしびれさせたり、目をくらませたりする効果もある。イカのスミは粘り気があって、はき出すと黒いかたまりのようになる。敵はそれをもう1匹のイカと勘ちがいして、その間にイカはにげるらしいんだ。

もっとも原始的なイカやタコの仲間は「オウムガイ」なんだって

「アオイガイ」という動物も、タコやイカの仲間らしいわ

【53】わたり鳥が移動する理由って？

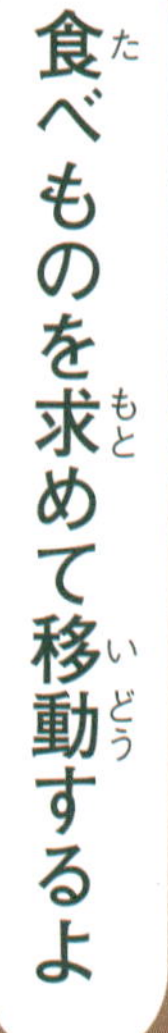

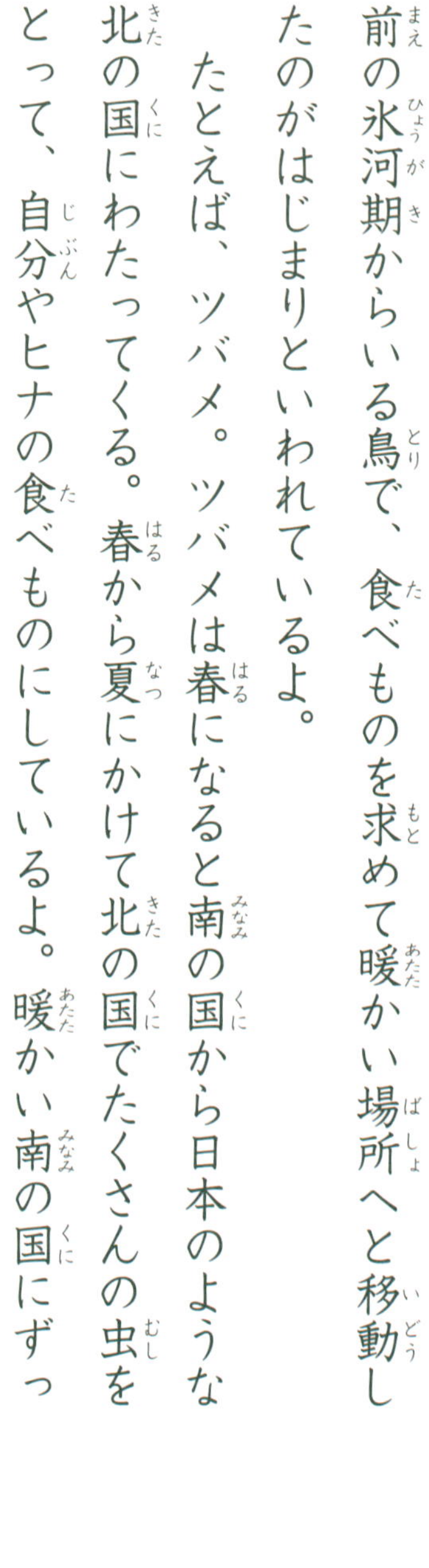

長い距離を移動して、生活する場所を変える鳥を「わたり鳥」というよ。ツバメや白鳥などが挙げられる。わたり鳥は100万〜200万年前の氷河期からいる鳥で、食べものを求めて暖かい場所へと移動したのがはじまりといわれているよ。

たとえば、ツバメ。ツバメは春になると南の国から日本のような北の国にわたってくる。春から夏にかけて北の国でたくさんの虫をとって、自分やヒナの食べものにしているよ。暖かい南の国にずっ

といればいい気がするけど、ほかの鳥なども食べものを求めているから、十分な量がとれないんだ。北にある国には虫を食べる鳥があまりいないこともあって、北の国へ移動するのはツバメにとってもいいらしい。

飛ぶコースをまちがえないのは、方角を知っているからなんだって。昼間は太陽の位置、夜は月や星座などの位置を見て、移動する方向を把握するらしいよ。

Vの字で飛ぶのが
一番楽に飛べる
らしいよ

先頭を飛ぶ鳥は
ベテランの鳥
なんだって

【54】子育てをしない鳥がいるって本当？

自分が産んだ卵の世話を、別の鳥に頼むよ

ほかの鳥に自分の卵をふ化させることを「たく卵」というよ。たく卵の習性をもつ鳥は、世界に約80種類いて、現在の鳥類全体の約1％に当たる。日本では、カッコウやホトトギス、ツジドリ、ジュウイチなどの鳥がたく卵の習性をもっているわ。

この鳥たちは、仮親となるほかの鳥が留守のときに、巣に卵を産むの。巣にもともとあった卵は巣から落とされてしまうそうよ。カッコウのヒナは、ほとんどの場合、仮親が産んだ卵たちよりも早くふ

化する。ふ化したヒナは、背中にふれたものをおし出してしまう習性があって、仮親が産んだ卵やヒナを背中にのせて巣の外へ放り出してしまうの。仮親に食べものをもらうカッコウのヒナは、十分に育ったら巣立っていっちゃうよ。

鳥じゃないけど、「クロシジミ」というチョウは、クロオオアリに育ててもらうらしいわ。

仮親のことを考えると、胸がいたむな……

習性ってすごいわね

【55】

どうしてヒトの言葉を話せる鳥がいるの?

話しやすい口のつくりをしているの

ヒトの言葉を話せる鳥には、オウムやインコ、キュウカンチョウなどがいる。鳥は鳴くときに肺の上にある「鳴管」という器官をふるわせて鳴くのよ。オウムやインコなどの鳥は、鳴管の周辺にある筋肉がほかの鳥よりも発達しているみたい。それに、厚みのある舌をもっていて、自由に舌を動かせるような構造をしているわ。それで、多様な声を出せるそうよ。

脳もほかの鳥とはちがっている。オウムやインコたちは、ヒトの

ように音を聞いたときにはたらく部分と、声を出すときにはたらく部分が大脳でつながっているの。それで、聞いた声をマネして話せるみたい。
ヒトの言葉をマネするのは、飼い主のことをつがい相手だと思っているから。飼い主の声をマネして話すことで、コミュニケーションをとっているのよ。

さすがにどんな意味かはわからないらしいよ

1匹だけじゃなく、つがいで飼うと、ヒトの言葉はあまり覚えないらしいわ

56

野生動物のうんちはどこに消えるの？

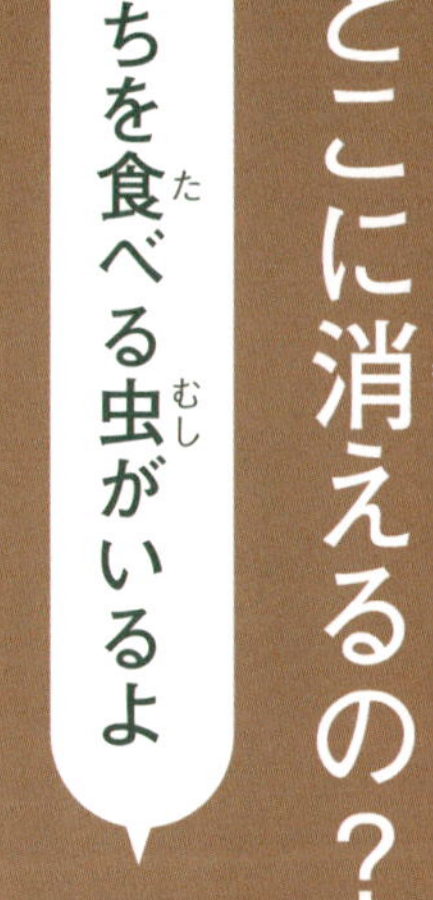

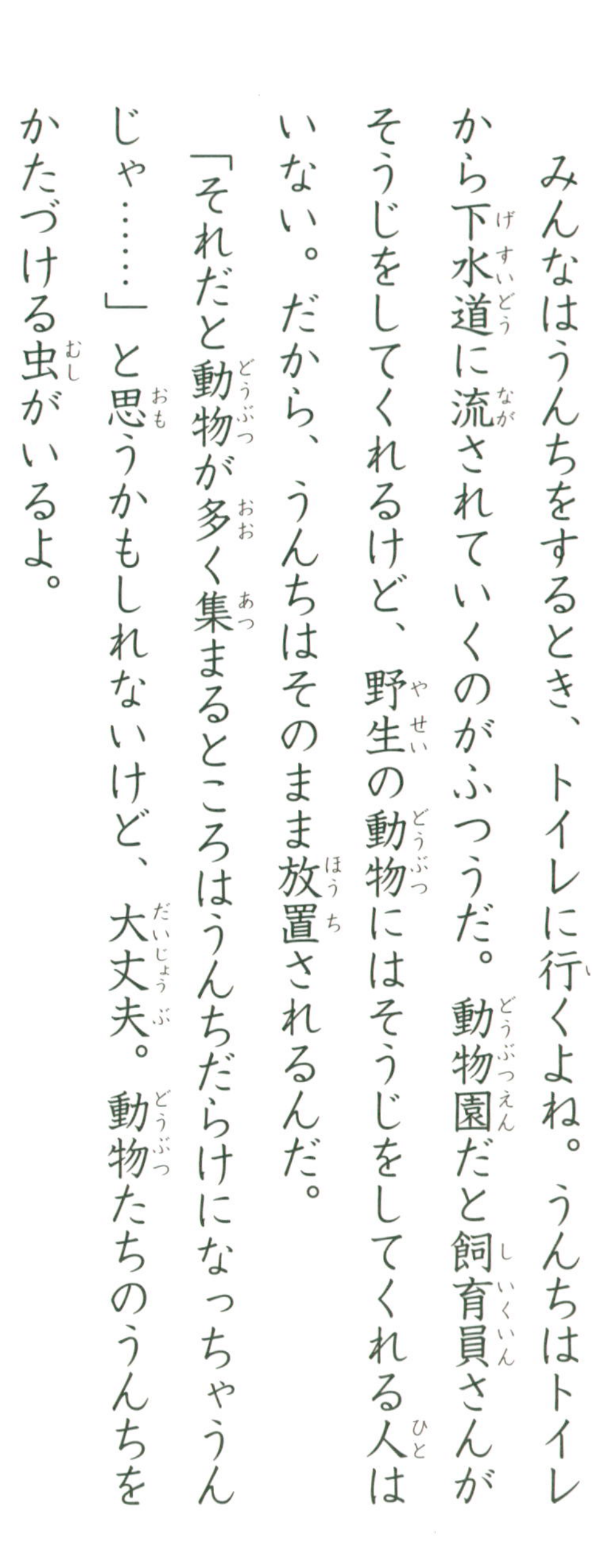

みんなはうんちをするとき、トイレに行くよね。うんちはトイレから下水道に流されていくのがふつうだ。動物園だと飼育員さんがそうじをしてくれるけど、野生の動物にはそうじをしてくれる人はいない。だから、うんちはそのまま放置されるんだ。

「それだと動物が多く集まるところはうんちだらけになっちゃうんじゃ……」と思うかもしれないけど、大丈夫。動物たちのうんちをかたづける虫がいるよ。

それは、コガネムシの仲間の「フン虫」。フン虫は子どもも大人も、ほ乳類のうんちを食べものにしているんだ。フン虫の中には、丸くしたうんちを遠くへ運んでいく種類がいる。「タマオシコガネ」とよばれているよ。また、うんちの玉をつくって地中などの穴にためる種類もいる。その玉に卵を産みつけて、ふ化した子どもに食べさせるんだ。

ウサギや
チンパンジーでも
自分のうんちを
食べることが
あるんだって

地球上の生物は、
関わりあって
生きているのね！

【57】

ナマズは地震を予知するの？

江戸時代からその考えはあったけど……

「ナマズが暴れると、地震が起こる」。古くから日本では、地震とナマズには関係があるといわれてきたわ。江戸時代末期ごろから信じられて、いまでも民話などが残っているの。１８５５年に起きた安政の大地震直後には、大きなナマズが暴れて地震を起こしている様子の錦絵がつくられたというわ。

ナマズは、４本のひげを使って、水底にいるエサを見つける魚。ほかの魚類やヒトが感じない、とても弱い電磁波を感じることができ

るの。これで、地震が起こる前に発生する電磁波を感じるんじゃないかと考えられてきたけど、確証は得られていないよ。それどころか、ただの迷信と主張する研究者もいる。

世界中には、ネズミやカラスなど、さまざまな動物が地震前にふしぎな行動をしていたと報告されているよ。動物の行動から地震を予知する研究が進められているわ。

東北地方の三陸海岸では「イワシでやられてイカで助かる」ということわざがあるよ

津波がくる前はイワシが大量にとれて、津波がきた後にはイカが大量にとれるという意味らしいわ

【58】モグラはずっと土の中で過ごしているの？

日光浴をしに地上に出てくることもあるよ

深い土の中に穴をほってすむ動物といえば、モグラ。目にする機会はあまりないけど、実はみんなが生活している家の地中などにいるよ。からだを温めるために、地上に出てくることもあるから、ずっと土の中で過ごしていることはないよ。

モグラといえば、地中で過ごすために手が大きくしっかりしているのが特徴だ。平泳ぎのような動きで、地中の土をかきわけていくよ。

また、光があまり届かない地下で過ごしているから、明るさは感じることはできるけど、ものの形は見えないようだ。その代わりに、ひげと鼻が敏感。食べものは、においや振動を感じて見つけているんだって。

モグラの主食はミミズと昆虫らしいよ
ヨーロッパでは、地下にすむ植物の精霊としてあつかわれていたんだって

【59】トカゲのしっぽはどうして切れるの？

しっぽに刺激を感じると、自然に切れてしまうよ

トカゲには、ネズミやネコ、スズメなどの大敵がいる。トカゲはしっぽをつかまえられたときに、しっぽを切ってにげ出すんだ。切れたばかりのしっぽはまだピクピクと動いているから、敵はそっちに目がいって、そのすきににげ出すみたいだね。

トカゲのしっぽは切れるところがだいたい決まっているよ。切れるところには、血が出ないようなしくみがある。傷をなおしたり、新しいしっぽを再生したりするところなんだ。

ちなみに、トカゲは意識的にしっぽを切ろうとはしていないよ。しっぽに刺激が走ったときに、しっぽの筋肉がちぢんで自然に切れてしまうというわけなんだ。これを「反射運動」というよ。

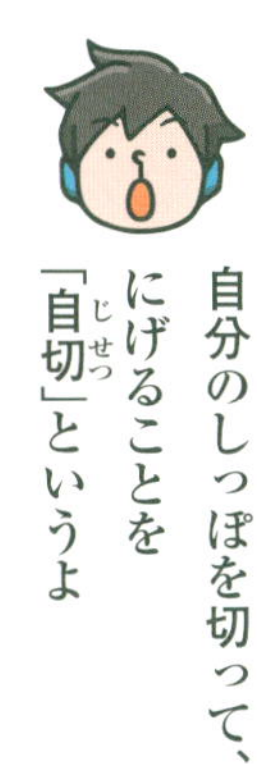

自分のしっぽを切って、にげることを「自切」というよ

ヤモリのしっぽや、カニのはさみでも自切が起こるらしいわ！

【60】昆虫は雨にぬれても大丈夫なの？

ぬれないようなしくみをもっているよ

雨がふると、昆虫たちは葉のかげで雨宿りしているよ。昆虫は、からだの横にある「気門」という場所で呼吸をしているから、からだが水につかると窒息してしまうの。

でも、昆虫も雨への対策はしっかりしているわ。からだの皮には、カッパのような水を通さない「クチクラ」という膜があるの。だから、少しくらいならぬれても大丈夫みたいよ。だけど、生まれたばかりや脱皮したばかりでクチクラがかたまっていないときに雨にぬ

れたら、死んでしまうこともあるの。

チョウは、羽にきれいな模様がついているわよね。この模様は「鱗粉」という魚のうろこのような形をした粉がびっしりならんでつくられているの。そして、この鱗粉は、水をはじくはたらきをもっているんだって。

昆虫たちにとっては、
雨は大きな粒だよね

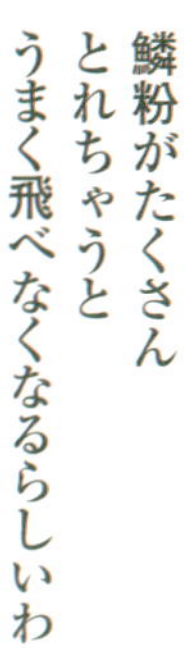

鱗粉がたくさん
とれちゃうと
うまく飛べなくなるらしいわ

【61】ハチはどうやってハチミツをつくるの？

花のミツをからだの中にためてつくるよ

熱々のホットケーキを見て、思わずかけたくなるものといえば、ハチミツ。あまくて、おいしいよね！　ヒトが食べるハチミツは、主にミツバチの巣からとるよ。

ミツバチのはたらきバチは、花からミツを集める。自分の栄養にするのはもちろんだけど、「ミツ胃」とよばれる場所にミツを入れて、巣にもって帰るんだ。ハチミツがあまくてかおりがいいのは、はたらきバチのからだの成分と混ざっていくから。また、巣にたくわえ

られたミツは、はたらきバチたちの羽から送られた風で水分が蒸発するよ。それで、とろりとした濃いハチミツになるってわけだ。

同じ甘味料の「メープルシロップ」は、カエデの樹液を煮つめたものだよ。

はたらきバチが一生の間に集めるハチミツの量は5グラムほどらしいよ

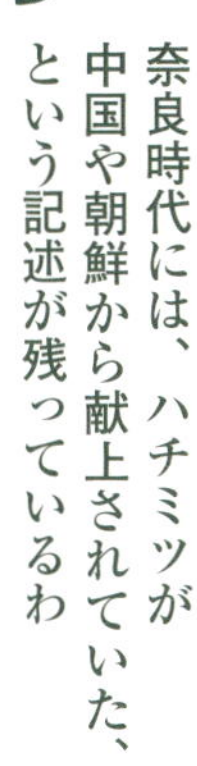

奈良時代には、ハチミツが中国や朝鮮から献上されていた、という記述が残っているわ

生物はどう進化していった？

「進化」という言葉が何度か出てきたね。
生物の形や性質が、その環境で生きぬくために長い年月をかけて変化していくことをいうんだ。
地球上にさまざまな生物がいるのは、それぞれの生物たちが進化してきたからだよ。
ここでは、「進化」にまつわることがらを紹介しよう

生物の歴史を知る手がかりは「地層」

千葉県銚子市屏風ヶ浦の地層

地層には、動物の死がいや、生活の跡が化石として残っていることがあるよ。地層は、古生代より前、古生代（5億4200万年前）、中生代（2億5100万年前）、新生代（6600万年前）という区分に分けられる。それぞれの地層から見つかった化石をヒントに、生物の進化を予想することができるんだ。

写真：PIXTA提供

セキツイ動物が地球に現れた順番

セキツイ動物は、同時に地球に姿を現したわけではないよ。地層から、「魚類、両生類、は虫類、ほ乳類、鳥類」の順で現れたと考えられているんだ。

セキツイ動物たちは、水中で生活していた種が、乾燥している陸上で生活できる種へと進化してきたといわれているよ。

5億4200万年前	2億5100万年前	6600万年前	現在
古生代	中生代	新生代	

- 古生代：魚類の出現、両生類の出現、は虫類の出現
- 中生代：ほ乳類の出現、鳥類の出現
- 新生代：人類の出現

恐竜の化石が見つかっているのは、中生代の地層なんだって

古生代よりも前の地層からは、化石はほとんど見つかっていないらしいわ

鳥のルーツはは虫類？「始祖鳥」の発見

鳥類がは虫類から進化してきたかもしれない、と考えられたのは1861年。ドイツの中生代の地層から、翼や羽毛があって、は虫類のような歯やつめがあったと考えられる化石が発見されたんだ。「始祖鳥」という名がつけられたよ。1990年代になって、羽毛恐竜の化石がたくさん見つかると、鳥類はは虫類が変化して生まれてきたと考えられるようになったよ。

3億5000万年前のまま！生きた化石「シーラカンス」

1938年に南アフリカで発見された深海魚だ。なんと、地球に現れた3億5000万年前の姿から変わっていないんだって。ほかの魚とはちがって、背骨はない。だけど、胸びれの内部に大きな骨と関節があるんだ。ここから、両生類の前足は魚類の胸びれが変化してできたものだと考えられているよ。

「進化論」を主張した科学者　チャールズ・ダーウィン

いまでは、生物が進化をしてきたという考えが広まっているけど、生物は形や性質が変わらないものだと考えられていた時期もあったよ。進化という考えを発表し、いまの生物学の基礎をつくったのは、チャールズ・ダーウィンという、イギリスの自然科学者だ。

ダーウィンは、1831～36年にかけて測量船「ビーグル号」に乗船。35年に訪れたエクアドルのガラパゴス諸島で、同種の鳥でも島によって形態にちがいがあることから、種は変わらないものではなく、長い時間をかけて進化していったと考えるようになったといわれているよ。

ガラパゴス諸島にいる動物

ダーウィンフィンチ類

ダーウィンの進化論を導くきっかけをつくった、スズメのような小さい鳥。

ウミイグアナ

地球上で唯一、海にもぐってエサをとるイグアナだよ。

ガラパゴスゾウガメ

世界最大の陸ガメ。長生きで、150年以上生きた記録も残っている。

写真：PIXTA提供

どこへ行った？ 捕獲大作戦！

動物園と水族館から動物がにげ出したらしいわ。どれもここまで見てきた動物よ

それは大変だ！

探しに行きましょ！

特別任務

動物園と水族館から３匹の動物たちがにげ出してしまった。飼育員は、その動物たちの特徴から行き先に心当たりがあるらしい。飼育員の情報から、どの動物が、それぞれどのあたりにいそうか当ててみよう。

飼育員によると、

①1匹は、泳ぐスピードが速くて、ジャンプがとても上手らしいの。しかも水の中にすむ動物よ。

②もう1匹は、きれいな模様の羽をもっているの。水に強くないから、強い雨が降ったら居場所がわかるかもと言っていた。

③最後の1匹は、探すのに苦戦すると言っていた。陸上にいることはあまりなくて、ものなどもはっきり見えないらしいの。

（1）にげ出した動物は何だろう？

① ＿＿＿＿＿＿　② ＿＿＿＿＿＿　③ ＿＿＿＿＿＿

（2）その動物のかくれていそうな場所は、次のうちどこだろう？

A　海　　B　川　　C　地中

D　葉のしげみ　　E　空の上

答えは162ページに！

動物への愛を証明せよ！

仲間探しには、動物への愛が求められる。
理解度をはかるぞ

いい仲間を見つけるために、がんばらなきゃ！

ぼくだって！

特別任務

選択問題 正しい答えを記号で選んでね

（1）地球に生物が最初に生まれた場所はどこ？

A 海　B 空　C 山

（2）世界で一番大きい動物は？

A アフリカゾウ　B ガラパゴスゾウガメ

C シロナガスクジラ

（3）水中に長くもぐるほ乳類が、からだの中に多くもっているものは？

A　ミオグロビン　B　ビタミン　C　カルシウム

（4）たく卵をしない鳥はどれ？

A　スズメ　B　カッコウ　C　ホトトギス

（5）絶滅危惧種に指定されている、中国の山林にいる動物は？

A　ジャイアントパンダ　B　ジュゴン

C　チンパンジー

ならびかえ問題　正しい順番にならびかえて！

（1）卵を多く産む動物の順番にならべてみよう

A　マンボウ　B　ブリ　C　フナ

（2）指の本数が多い順番にならべてみよう

A　ウマ　B　ヒト　C　キリン

（3）地球に出現してきた順番にならべてみよう

A　ほ乳類　B　両生類　C　は虫類

D　魚類　E　鳥類

答えは162ページに！

クイズの答え

れんとせいの特別任務③

（1）①イルカ　②チョウ　③モグラ

（2）①―A　②―D　③―C

れんとせいの特別任務④

選択問題

（1）A　（2）C　（3）A　（4）A　（5）A

ならびかえ問題

（1）A→B→C　（2）B→C→A

（3）D→B→C→A→E

レンジャーって大変ね……

海ににげ出したら、もう追えないよ～

植物のふしぎ

おとなしそうに見える植物も、
実はたくましかったり、
ユニークだったりするぞ。
想像できるかな?

植物ってどんな生物？

ズームアップ！

地球上には、少なくとも約25万種の植物がいるといわれているわ。ここからは、植物について見ていきましょう！

植物の仲間

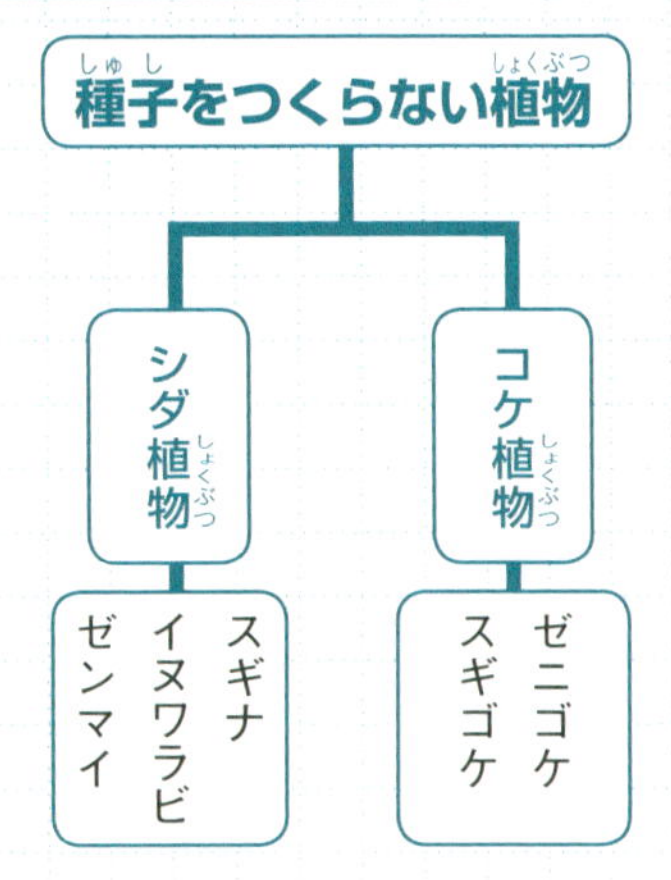

- **種子をつくる植物**
  - **被子植物**：アサガオ、サクラ、タンポポ
  - **裸子植物**：スギ、イチョウ、マツ
- **種子をつくらない植物**
  - **シダ植物**：スギナ、イヌワラビ、ゼンマイ
  - **コケ植物**：ゼニゴケ、スギゴケ

被子植物も裸子植物も花を咲かせるんだね

種子をつくらない植物はどうやって子孫を残していくんだ？

被子植物は、葉や花のつき方でさらに分けられるぞ

それは、あとのページで説明するわね！

植物のからだはどうなっているの？

多くの植物のからだは、「根・茎・葉」からできているよ。

★呼吸（一日中）

ヒトや動物と同じように酸素を吸って、二酸化炭素を出しているよ

☆光合成（昼間）

太陽の光を使い、葉の中にある葉緑体というもので、二酸化炭素と水から、栄養や酸素をつくるよ

★二酸化炭素

★酸素
☆二酸化炭素

★酸素

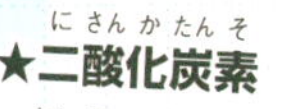

★二酸化炭素
☆酸素

葉

茎を通った水が水蒸気になって出ていく。太陽の光を吸収して、葉で栄養をつくるんだ

茎

葉でつくられた栄養や、根から吸収した水や養分が通るよ

根

土の中で、水や養分を吸収するよ

芽が出る条件

- 水
- 酸素
- 適当な温度

成長する条件

- 水
- 太陽の光
- 肥料

【62】

種子以外で増える方法って？

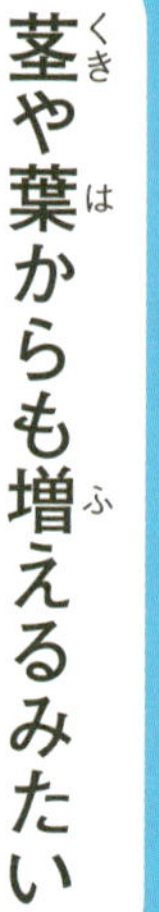

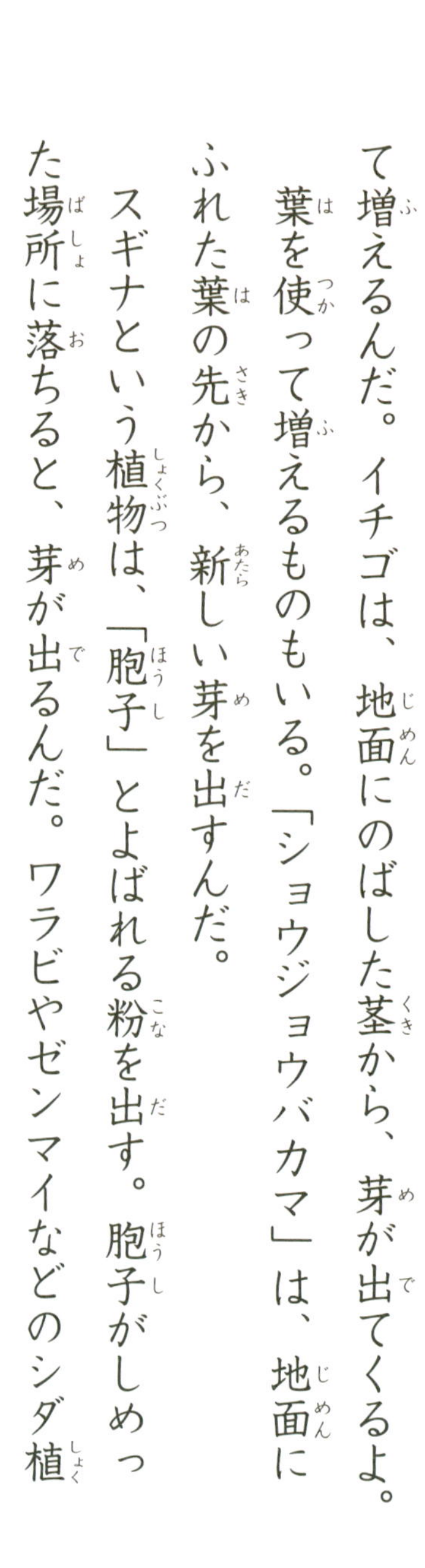

種子以外で増える方法を紹介しよう。

一つは、茎。ドクダミは、地下にのばした茎から新しい芽を出して増えるんだ。イチゴは、地面にのばした茎から、芽が出てくるよ。

葉を使って増えるものもいる。「ショウジョウバカマ」は、地面にふれた葉の先から、新しい芽を出すんだ。

スギナという植物は、「胞子」とよばれる粉を出す。胞子がしめった場所に落ちると、芽が出るんだ。ワラビやゼンマイなどのシダ植物や、岩にはりつくコケ植物も胞子をつくって子孫を増やす植物だよ。

植物たちは、それぞれの方法で仲間を増やしているようだね。

【63】動物を食べる花っているの？

植物は、水と栄養のある土と、太陽さえあれば、すくすく育つ印象があるよね。植物の中には、光合成ができないときに虫などの小さな動物をつかまえて栄養にしている植物がいるよ。

虫を栄養にする植物たちを「食虫植物」という。葉から出す消化液で虫をドロドロにして栄養を取りこむんだ。虫やほかのおだやかな植物から見たら、おそろしい植物だよね。でも、かつて植物たちの競争に負けて、いまの姿になったんだよ。

大昔、いろいろな植物が生えはじめた地球では、いかに居心地のよい場所で生えるかが重要になっていた。つまり、栄養の多い場所は強い植物でいっぱいになったんだ。食虫植物の祖先は追い出されて、栄養のない場所に移動するしかなかった。栄養のない場所では、根から吸いあげる養分がかぎられてしまう。それで、生きるために虫から栄養をとり、いまの食虫植物になっていったんだよ。

植物たちも、生きるために工夫をして残ってきたんだね

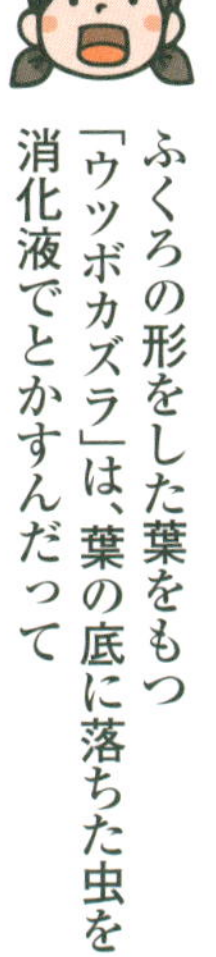

ふくろの形をした葉をもつ「ウツボカズラ」は、葉の底に落ちた虫を消化液でとかすんだって

【64】くだものの種子をまいたらどうなる？

しっかり育てれば、芽は出るよ！

いつもは捨ててしまう、くだものや野菜の種子。実際に種子をまいたらどうなるんだろう？と思ったことはないかしら？ 実がなったら、すてきよね。しっかりお世話をすれば芽が出るみたいよ！

まず、取り出した種子をていねいにあらうこと。カビや菌が発生しないように念入りにあらってね。そして、水とその種子に合った温度で管理が必要よ。種類にもよるけど、25度ぐらいの環境にしてあげるといいみたい。

でも残念なことに、芽が出ても、実になって収穫するレベルまで育てるのは難しいの。それどころか、もともと食べたくだものや野菜の味、大きさを引きつぐことは難しいわ。特に輸入品のものは、日本では栽培できないものが多いの。

とはいえ、芽が出たときはうれしいから、一度はやってみてもいいかもね。

自由研究とかで、ためしにやってみてもよさそう！

運よく芽が出て育ったものは、自分オリジナルの品種かも……!?

【65】

花は食べられるの？

食べられるものと、食べられないものがある

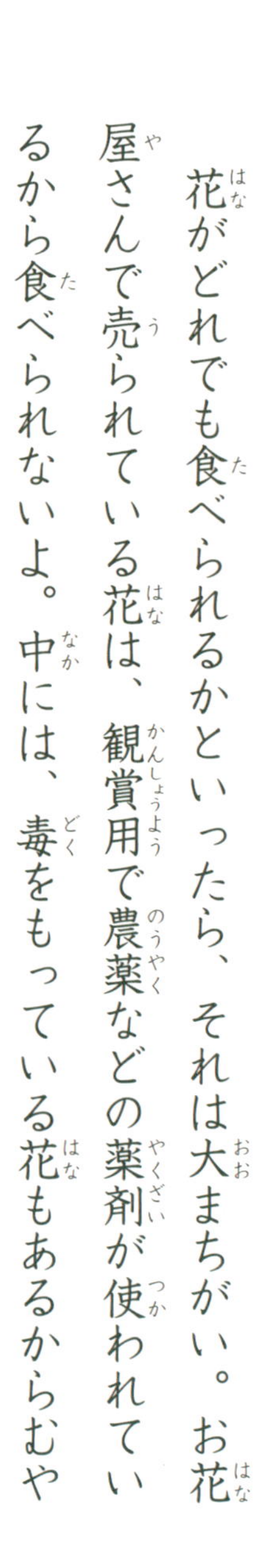

食卓に出る、ブロッコリーやカリフラワーに、ミョウガ。実はこれ、花になる部分なんだって知ってた？　フキノトウもつぼみの状態で天ぷらにすると、とてもおいしいね。このように、食卓には意外と花がならんでいるんだよ。

花がどれでも食べられるかといったら、それは大まちがい。お花屋さんで売られている花は、観賞用で農薬などの薬剤が使われているから食べられないよ。中には、毒をもっている花もあるからむや

みに食べると危険だ。

西洋では、食べられる花を「エディブルフラワー」とよぶよ。野菜やくだものと同じ感覚で食べられるそうだ。しかも、ビタミンが豊富にふくまれているんだって。ひまわりや、マリーゴールド、カーネーションもエディブルフラワーだよ。これらを食べるときには、食べるために栽培されているものを選んでね。

スナップドラゴン(キンギョソウ)という花は、花びらやガクもやわらかくて味も香りもいいんだって

ブロッコリーやカリフラワーはアブラナ科で菜の花の仲間よ

【66】木の年齢はどうやって数えるの？

木の線で数えているよ

「1000年生きた木」ということをたまに耳にするけど、どうしてわかるの？って思うよね。木の年齢を「樹齢」というわ。樹齢は、木にふくまれる放射性炭素と、「年輪」というもので推定するの。木を切ると、何重もの層になっている輪の線が見えるわ。これを年輪といって、1年に1本できるといわれているの。実は、木の大半は死んだ細胞が集まってできているのよ！　死んだ細胞の外側にある層で新しい細胞をつくり、成長していくんだって。

日本で一番長生きの木は、鹿児島県の屋久島にあるわ。高さ25・3メートルと、大きさも巨大よ。縄文時代から生えていると考えられているから、「縄文スギ」ともよばれているわ。

ちなみに、どんな木でも長生きできるとはかぎらないの。あまり大きくならない木は、長くても数十年しか生きないみたいよ。カキやクリなどの木がそうよ。

ヒャーック(100)
101 102……109 110！
ヒャク
110歳！ すごいね！
……
うん そうだね
あれ？ どこまで
数えたっけ…？

山や森を歩いて、切りかぶを見つけたら、年輪を数えてみよう

長生きできるかは、生えている場所の土や、気温、日光も関係しそうね

【67】秋になると、葉はどうして色づくの

気温や太陽の光が関係しているよ

秋は、イチョウやもみじが色づいてきれいよね。秋になると、葉を落とすために葉に色をつける木を「落葉樹」というわ。葉の色が変わるのは、気温や光の強さなどが関係しているのよ。

イチョウの葉の黄色は、葉にふくまれる「カロテノイド」という色素。太陽の光が強く、高い気温になる春から夏にかけては、同じく葉にふくまれている「クロロフィル」という緑色の色素が、このカロテノイドをかくしてしまうのよ。だけど、秋に気温が低くなっ

て、光が弱くなると、クロロフィルが減ってカロテノイドの色が目立つようになるの。そうすると、葉が黄色になるというわけ。

もみじの葉が赤くなるのは、これとはちがうしくみよ。気温が約８度より低くなると、葉でつくられた栄養は外へ出られなくなる。栄養がある程度の量になると、葉を赤くする物質になるの。だから、寒くなる秋ごろになると、もみじなどは葉が赤くなるのよ。

秋が近づいたら、色がつく様子を観察してみるのもいいね

黄色や褐色になることを「黄葉」ともいうわ

【68】

植物がかれるのはどうして？

動物と同じで、水がとても重要だよ

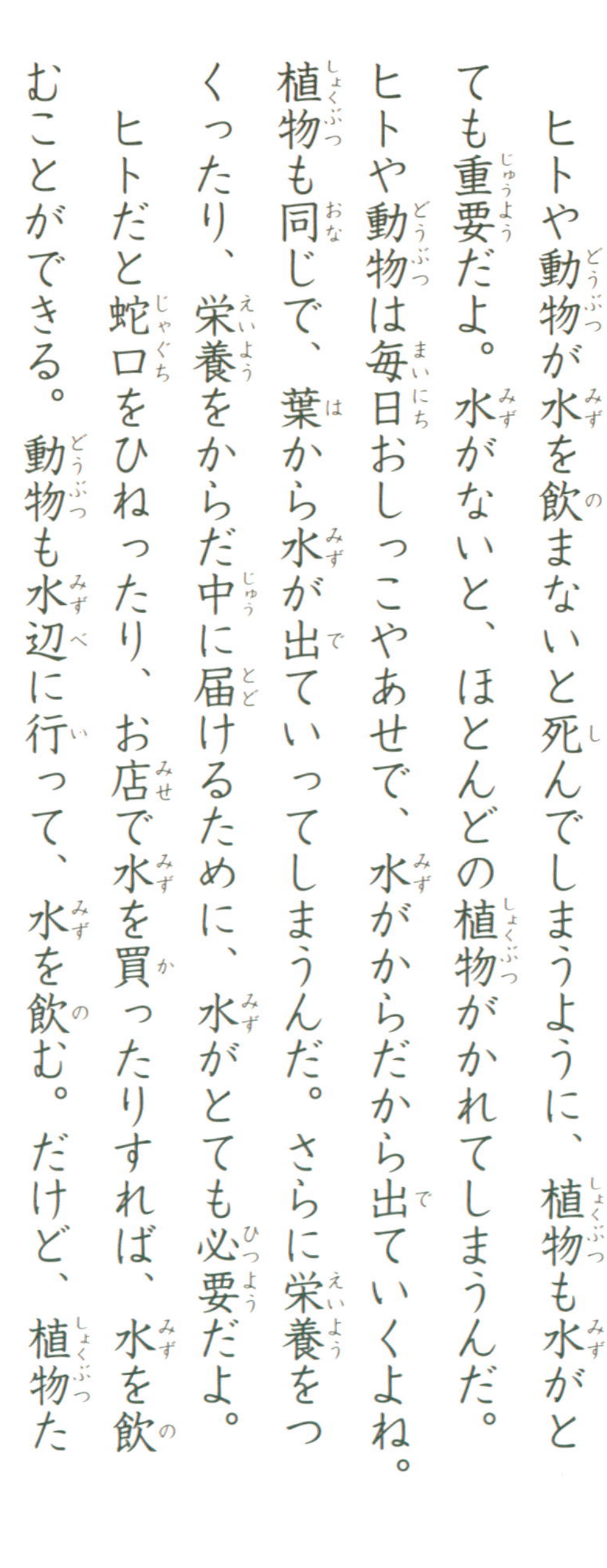

ヒトや動物が水を飲まないと死んでしまうように、植物も水がとても重要だよ。水がないと、ほとんどの植物がかれてしまうんだ。ヒトや動物は毎日おしっこやあせで、水がからだから出ていくよね。植物も同じで、葉から水が出ていってしまうんだ。さらに栄養をつくったり、栄養をからだ中に届けるために、水がとても必要だよ。

ヒトだと蛇口をひねったり、お店で水を買ったりすれば、水を飲むことができる。動物も水辺に行って、水を飲む。だけど、植物た

ちは自分で水を飲みに行くことはできない。野生だと雨を待つか、飼育された植物たちだとだれかが水やりをしてくれるのを待つしかないんだ。十分に水を得られなかった植物は、光合成ができずに干からびてかれてしまうんだよ。

水のやりすぎも、かれてしまうことがあるから、適度な量が必要だよ

水やりをするときは、葉じゃなく、根元にやるのがいいみたい

【69】

サボテンにはどうしてトゲがあるの？

敵から身を守ることと……

サボテンは、もともとさばくに生えている植物よ。さわったらトゲがあっていたい思いをしたことがあるかもしれないわね。このトゲは、草食動物などの敵から身を守る役目をになっていることはもちろん、ある理由で進化していったと考えられているの。

サボテンが生えるさばくは、昼は暑くて夜は寒い環境。そして雨が少ないから、植物にとって重要な水を十分にとることができないわ。そんな環境を生きぬくため、サボテンは葉をトゲにして小さく

していったという説がある。葉を小さくすることで、できるだけ水分の蒸発を防いでいるの。

サボテンのふくらんだ玉や柱のようなところは、茎。この茎の中に、水をたくわえているわ。たくわえた水がかわかないように、茎の表面は厚い皮でおおわれているの。

うちわのような平たく丸い「うちわサボテン」、玉のような「玉サボテン」などがあるよ

水をたくわえるために、葉をぶ厚くした植物もいるわ

ユニーク!?　ふしぎな植物たち

知られていないだけで、実はおもしろい植物はほかにもたくさんいるのよ

虫を食べる植物もいるとはおどろいたわ

ギンリョウソウ

山や林などで、キノコの仲間から栄養をもらって育つよ。根以外はすべて白く半透明の色をしている。その姿から、「ユウレイタケ」とよばれているよ。

ナンバンギセル

自分で光合成ができないため、ほかの植物の根から栄養をもらって育つ。「万葉集」では、「思い草」の名前で登場していて、昔から日本人にはなじみのある植物みたい。

ヤドリギ

鳥の巣かと思うけど、鳥の巣じゃないわよ！　落葉樹の上に生える球状の植物。葉が落とされた木の上に生えるから、冬はとても目立つわ。

エアプランツ

パイナップルの仲間で、土どころか水もなしで育つ植物だよ。根が発達していないから、葉から空気中の水分や栄養を吸収して育つんだ。栽培にほとんど手がかからないから、部屋のインテリアに使われるそうだ。「エアプランツ」は、パイナップル科ハナアナナス属の着生植物群の総称だよ。

サギソウ

白い花がサギの飛び立つ姿に似ていることから、「サギソウ」とよばれているわ。山の中の日当たりのいい湿地に生えるわよ。

写真：PIXTA提供

ドラクラ・ギガス

まるでサルの顔！　その見ためから「モンキー・オーキッド」という別名もつけられている。コロンビアからエクアドルの高地に生えていて、すずしくて、湿度の高い場所を好むよ。栽培がとても難しい植物なんだって。

ソーセージノキ

木の高さは約15メートルで、主にアフリカに生えているわ。ソーセージのような実をつけることからこの名前がついたんだって。でも、実際は食べられないみたい。実の長さは約30センチになって、木からぶらさがっている。

ラフレシア

東南アジアの熱帯雨林に生えている植物よ。ブドウ科の植物の根から栄養をとって育つわ。葉も茎もなく、直径約1メートルの巨大な花をつけるの。重さは10キロになることも。花が咲くと、くさいニオイがするみたい。

ショクダイオオコンニャク

直径1.5メートル以上の世界最大の花を咲かせるよ。高さは、3メートル以上になる。インドネシアのスマトラ島に生えていて、1年に1回大きな葉を出す。花が咲くときには、強烈なニオイがするらしい……。絶滅危惧種に指定されている。

バオバブ

アフリカのサバンナ地域に生える、高さ30メートルにもなる木だ。幹の直径は10メートルにもなるからとても太いことがわかるね。樹齢が5000年のものもあるらしいよ。実や種は食用にしているんだって。

写真：PIXTA提供

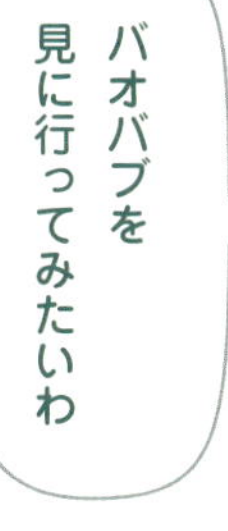

くさいニオイがする植物は、強敵ね……

図鑑をもとにもどせ！

わ！　ジジから借りた図鑑が虫に食われてる

しかも大事なところが食べられているわ……

ジジがもどってくる前に、応急処置をしよう！

特別任務

虫に食べられたところは八つ。

机の下には、文字が落ちていたよ。

正しいところに、それぞれ入れてみよう。

◆種子をつくる植物

・ ① 植物

アサガオ、サクラ

・ ② 植物

スギ、イチョウ

◆種子以外で増える!?

③ とよばれる粉を出して増える植物もいる

スギナ、コケ

ワラビ、ゼンマイ

◆植物のからだ

・葉

④ をつくる場所

・ ⑤

葉でつくられた ④ や、根から吸収した ⑥ が通るよ

・ ⑦

土の中で、 ⑥ を吸収するよ

◆芽が出る条件

・ ⑧
・水
・適当な温度

選択肢

A	養分	B	酸素	C	茎	D	胞子
E	根	F	被子	G	裸子	H	栄養

答えは188ページに！

クイズの答え

れんとせいの特別任務⑤

①F　②G　③D　④H

⑤C　⑥A　⑦E　⑧B

私たち、意外と
チームワークあるん
じゃない？

ジジがもどってくる前に
間に合ってよかった～

二人とも、最後までよくついてきたね

途中で脱落するかもと思ったけど、
気持ちだけはりっぱなレンジャーね。見直したわ

本当 !?
こうして動いたり、話したりできるのもからだに
あるいろんな器官のおかげだってよくわかったよ

世界には想像以上に、いろんな種類の生物が
くらしているっていうのも、大きな発見だったわ。
また会いたい！

これでも、
ひとにぎりぐらいしか紹介していないけどね

らいおむ隊長に、これまでの報告しっかりね！

はい！

ガチャ
おっ

らいおむ隊長！
もどってまいりました！

おぉ しっかり調査はすんだかな？

はい

ジジとムーのおかげで
自分のからだのことや
地球上にすむ生物が
どんな状態でどんな
くらしをしているか
わかりました
ってことで
私たちも
レンジャーの
仲間入りですよね！
甘い！
ガオー!!
これはまだ
第一ステージだ！
世の中には生物だけ
じゃないふしぎがある
えー
ハァー

監修　西條広隆（さいじょう・ひろたか）

桐朋中学校・高等学校教諭
理科主任
専門は生物（藻類）
１９８５年６月８日生まれのＯ型
東京薬科大学生命科学部卒業後、同大学院で学び、
２０１０年に桐朋中学校・高等学校教諭となる
趣味はサッカーについて考えること

編著　朝日小学生新聞

読めばわかる！　生物

2017年12月29日　初版第一刷発行

イラスト　nakata bench

発行者　植田幸司
編集　佐藤美咲
デザイン・DTP　横山千里　李澤佳子

発行所　朝日学生新聞社
〒104-8433　東京都中央区築地5-3-2　朝日新聞社新館9階
電話　03-3545-5436（出版部）
http://www.asagaku.jp（朝日学生新聞社の出版案内など）

印刷所　株式会社　光邦

ISBN　978-4-909064-32-5